W0178048

Die schnelle Hundeschule

Alle Grundlagen Schritt für Schritt

DR. CONSTANZE
PAPE

blv

Was Sie in diesem Buch finden

Einführung

Hunde sind Teil unserer Gesellschaft und erfüllen vielerlei Funktionen vom Kindersatz bis zum Rettungshund. Sie sind hoch sozial und zu unglaublichen Sinnesleistungen fähig. Geht man es richtig an, lernen sie schnell und vor allem leidenschaftlich gerne!

Der perfekte Hund?!

Als vor über 10.000 Jahren der Hund eine Gemeinschaft mit dem Menschen einging, war er ein perfekter Partner, weil er Aas, Abfall und Ausscheidungen verzehrte und damit potenzielle Krankheitserreger vernichtete, bei der Jagd hilfreich war und Mensch und Eigentum beschützte.

In unserer heutigen Gesellschaft hat der Hund ganz andere Funktionen: Mal ist er Sportskamerad, Wächter oder Statussymbol, mal Familienmitglied, Partner- oder Kindersatz. Dementsprechend erwarten wir vom perfekten Hund heute auch vieles: Wir möchten, dass er zu jedermann freundlich ist – den Einbrecher nachts aber stellt, dass er sich alles gefallen lässt – und nichts macht, was uns nicht gefällt, dass er das Bällchen bringt – aber nicht auf die Jagd geht. Wir möchten, dass das hoch soziale Wesen Hund stundenlang allein bleibt, uns dann aber in den Biergarten begleitet und dort brav unter dem Tisch liegt – auch wenn es um ihn herum verführerisch duftet! Das ist ganz schön viel verlangt, und so gibt es ihn auch nicht, den »perfekten« Hund, übrigens genauso wenig, wie es einen »perfekten« Menschen gibt! Jede Spezies hat ihre Eigenschaften, jedes Individuum macht Dinge, die uns gefallen, und andere, die wir als störend empfinden. Ziel dieses Buches kann es also nicht sein, aus Ihrem Hund einen perfekten Vierbeiner zu machen. Vielmehr soll die Lektüre Ihnen helfen, mit Ihrem Hund zu einem tollen Team zusammenzuwachsen, das gemeinsam entspannt durchs Leben geht.

Artgerechte Hundehaltung

Hat man sich einen Hund zugelegt, tut man gut daran, sich zu überlegen, welche Bedürfnisse der Vierbeiner denn so hat – Gleiches gilt natürlich auch bei Erwerb eines jeden anderen Tieres! Denn nur wenn ich ein Tier seiner Art gemäß halte, werde ich Problemverhalten vermeiden. Neben allgemeinen Bedürfnissen, die es für jedes Lebewesen zu befriedigen gilt – wie beispielsweise das Bedürfnis nach Nahrung, Wasser und Fortpflanzung –, hat jede Art noch spezielle Bedürfnisse. So sind Hunde hoch soziale Wesen, die in einem sozialen Gefüge leben müssen; dieses lebt in einem Territorium und geht gemeinsam auf die Jagd!

Ob Wachhund oder Kindersatz: Jeder Mensch hat seine eigene Vorstellung vom »perfekten« Hund.

Für einen Hund kann es also nicht artgerecht sein, mehrere Stunden am Tag allein zu verbringen. Das heißt nicht, dass er es nicht lernen kann! Jedoch sollte man dabei behutsam vorgehen und ihn in kleinen Schritten daran gewöhnen. Wenn ein Vierbeiner vorwiegend auf sein Rudel verzichten muss, sollte man sich allerdings fragen, ob es überhaupt Sinn macht, sich einen Hund zu halten.

Hunde sind territorial, daher ist es »normal« (wenn auch unerwünscht), wenn der Briefträger verjagt wird. Keine Angst, auch daran kann man arbeiten! Aber man sollte sich doch immer wieder fragen, ob eine Situation aus Hundesicht überhaupt tolerabel ist. Kann es zum Beispiel für einen Hund angenehm sein, im Restaurant unter einem Tisch zu liegen, wo fremde Zwei- und Vierbeiner bedenklich nahe kommen? Für den einen ist es – wenn von klein auf daran gewöhnt – kein Problem, für den anderen bedeutet die Situation vielleicht zu viel Stress. Überlegen Sie auch, ob es für Ihren hoch spezialisierten Jäger und Schnüffler befriedigend sein kann, mit Ihnen joggen zu gehen, neben dem Rad herzulaufen oder dreimal am Tag die gleiche Runde zu drehen. Nun soll er sicherlich nicht auf die Jagd gehen, aber ein bisschen Kopf- und Nasenarbeit macht nicht nur den Hund, sondern sicher auch den Halter glücklich!

Ob Nasenarbeit oder Hundesport: Einen Hund artgerecht zu beschäftigen und zu erziehen, macht Zwei- wie Vierbeiner glücklich und zufrieden.

Das Leben im Rudel

Hunde sind Rudeltiere, das ist allgemein bekannt. Sie sind jedoch noch viel mehr als das. Wilde Hunde leben familienorientiert und hoch sozial zusammen. Das Leben in der Gemeinschaft bietet Vorteile für schwächere Tiere und gewährt die Aufzucht der Nachkommen. Gemeinsam werden die Grenzen des Territoriums leichter verteidigt – eine Aufgabe, die allen und nicht nur dem Alpharüden obliegt. Welpen lernen frühzeitig verschiedene Orte angstfrei kennen, sie lernen im gemeinsamen Spiel und durch Beobachtung und Nachahmung der älteren Tiere die typischen Verhaltensweisen. Eine Vielzahl von Signalen dient der Kommunikation und der Vermeidung von ernsthaften Streitigkeiten. Die Hierarchie in der Gemeinschaft ist nicht so streng linear, wie es der Rudelbegriff eigentlich impliziert. Die Beziehungen innerhalb der Gruppe unterliegen durchaus einer Dynamik. Das Zusammenleben ist geprägt von Konfliktvermeidung und Toleranz. Auch der Alpharüde respektiert den Besitz eines Rangniederen. Ranghöhe zeigt sich in Souveränität

Ein Rudel kann aus ganz unterschiedlichen Mitgliedern bestehen und trotzdem gut funktionieren.

und wird nicht mithilfe körperlicher Gewalt erworben oder demonstriert!

Hunde sind Jäger. Wie wir auf den nächsten Seiten sehen werden, sind all ihre Sinne darauf ausgerichtet, bei der Jagd erfolgreich zu sein. Das Jagen ist evolutionär tief verwurzelt, hat es doch das Überleben der Spezies Hund gesichert. Viele Rassen sind darauf gezüchtet, einen bestimmten Teilbereich der Jagd besonders gut zu beherrschen. Es gibt Rassen, die auf das Anstarren und Anpirschen der Beute spezialisiert sind, einige sind Meister im Stöbern, andere wurden darauf gezüchtet, furchtlos in den Fuchsbau zu kriechen. Wie sehr die Jagdleidenschaft bei einem Hund ausgeprägt ist, ist nicht nur von der Rasse abhängig, sondern auch individuell unterschiedlich. Eher ängstliche Hunde jagen möglicherweise jedes Blatt, würden aber nie auf die Idee kommen, allein im Wald auf die Jagd zu gehen. Andere interessieren sich nicht für Blätter oder Vögel, lassen aber für den Geruch eines Kaninchens alles stehen und liegen.

Problematisch ist, dass die Jagd oft beginnt, ohne dass wir Menschen es mitbekommen, indem der Hund eine Bewegung wahrnimmt, ein Geräusch hört oder einen Geruch wittert. In diesem Moment könnten wir unter Umständen noch erfolgreich eingreifen und den Hund vom Jagen abhalten. Ist die Jagd erst einmal in vollem Gang, können wir hingegen nur noch hilflos abwarten. Unser Vierbeiner wird glücklich zu uns zurückkehren, denn bei jedem Jagdversuch werden beim Hund Endorphine ausgeschüttet, ob er Erfolg hatte oder nicht. So erhöht sich die Wahrscheinlichkeit, dass er wieder jagen gehen wird, gab ihm das Erlebnis doch ein gutes Gefühl! Apropos: Verschwindet Ihr Hund im Wald, bleiben Sie an der Stelle stehen, an der er verschwunden ist. Er wird mit hoher Wahrscheinlichkeit dorthin zurückkehren.

Die Sinne

Sehen

Durch die unterschiedliche Anzahl der dafür verantwortlichen Nervenzellen nehmen Hunde im Gegensatz zum Menschen ein anderes – nämlich geringeres – Farbspektrum wahr; auch ist das Bild, das auf der Netzhaut empfangen wird, weniger scharf. Dafür haben Hunde ein weiteres Gesichtsfeld als der Mensch. So können sie auch Dinge, die sich seitlich von ihnen befinden, gut wahrnehmen. Die Art und Anzahl der vorhandenen Sinneszellen begünstigen das Sehen bei Dämmerung sowie das Bewegungssehen, beides Faktoren, die für die Tätigkeit des Jagens wichtig sind.

Wenn man weiß, dass Hunde weniger scharf sehen, kann man verstehen, wieso ein Mensch, dessen Konturen von der »Norm« abweichen (mit Schirm, mit Helm, mit Hut, …), oder ein Mensch, der sich ungewöhnlich bewegt (im Rollstuhl, an Krücken, mit Rollator, …), für den Hund zum bedrohlichen »Alien« wird und entsprechende Reaktionen auslöst. Hunde sehen Farben aus dem blauen und gelben Farbspektrum gut. Farben wie Rot und Grün hingegen werden als grau wahrgenommen. Mit dem Wissen über das Farbsehen wird verständlich, dass Hunde ein rotes Spielzeug im grünen Gras nicht wie wir mit den Augen entdecken, sondern danach mit der Nase suchen müssen. Arbeitet man hingegen mit gelben oder blauen Gegenständen oder Hindernissen, können diese vom Hund besser erkannt werden. Auch auf dem Boden liegende Leckerchen sind für den Hund nicht ohne Weiteres zu erkennen. Nimmt er also bei der Leckerchensuche die Nase zu Hilfe, ist er kein »dummer Hund«. Vielmehr kann er das Leckerchen im Gegensatz zu uns Menschen tatsächlich nicht sehen, sondern muss es mit der Nase einkreisen. Dass Hunde vor allem Bewegung sehen, erklärt uns, wieso der Hund das Reh nicht erkennt, wenn es reglos vor ihm auf dem Weg steht. Wir können uns das Bewegungssehen in der Hundeerziehung zunutze machen, indem wir uns zum Beispiel schnell wegbewegen, um den Hund zum Herkommen zu animieren. Andererseits muss uns klar sein, dass uns unser Vierbeiner möglicherweise gar nicht sieht, wenn wir unbeweglich stehen bleiben.

Auch wenn der Schein trügt: Mensch und Hund sehen die Welt mit unterschiedlichen Augen.

Riechen

Die Hundewelt ist eine »Nasenwelt«, Gerüche spielen eine weitaus größere Rolle als bei uns Menschen. Die Fähigkeit von Hunden, Gerüche wahrzunehmen, überwiegt die unsere bei Weitem. Dies liegt nicht nur an der um ein Vielfaches höheren Anzahl an Riechzellen, Hunde haben auch ein zusätzliches Sinnesorgan, das »Jacobsonsche Organ«, über das vor allem Gerüche der innerartlichen Kommunikation wahrgenommen werden. Im Alltag ist es wichtig, den Hund seine Umwelt ausgiebig geruchlich erkunden zu lassen. Oftmals ist eine »Schnüffelrunde« an unbekannter Stelle anstrengender, als zum dritten Mal am Tag die gleiche Strecke zu gehen. Auch beim Joggen oder Radeln kommt die Hundenase oft zu

Der hervorragende Geruchssinn bietet eine Vielzahl an Möglichkeiten, den Hund sinnvoll zu beschäftigen.

kurz! Bedenken Sie auch, dass die vielen Gerüche für den Hund eine große Ablenkung bedeuten können. Lassen Sie also Ihren Vierbeiner zunächst die Umgebung erschnüffeln, bevor Sie beginnen, mit ihm zu »arbeiten«. Andererseits ist gerade die Nasenarbeit besonders geeignet, um Hunde artgerecht zu beschäftigen.

Hören

Die Ohren des Hundes dienen einerseits der körpersprachlichen Kommunikation mit Artgenossen, andererseits natürlich der Wahrnehmung von Geräuschen. Zudem befindet sich im Innenohr das Gleichgewichtsorgan. Da die Ohren unabhängig voneinander bewegt werden können, sind Hunde in der Lage, Geräusche sehr schnell und genau zu orten, wobei rassespezifische Eigenheiten diese Fähigkeit beeinträchtigen können. Im Allgemeinen werden Töne sehr differenziert und aus sehr weiter Entfernung wahrgenommen. Beginnt ein Hund plötzlich zu bellen, kann es durchaus sein, dass er in der Ferne etwas gehört hat, das für uns Menschen nicht wahrnehmbar war. Dabei sind die Frequenzbereiche, die ein Hund hören kann, deutlich höher als beim Menschen. Im unteren Frequenzbereich hingegen hören Mensch und Hund vergleichbar gut. Hohe Töne animieren Hunde und sind daher sehr gut bei der Hundeerziehung einzusetzen (beispielsweise, um den Hund anzufeuern, wenn er auf dem richtigen Weg ist). Tiefe Töne hingegen werden ihn schnell verunsichern. Da Hunde viel besser hören können als wir Menschen, hat Schreien in der Hundeerziehung absolut nichts verloren!

Fühlen

Wie wir Menschen haben Hunde verschiedene Rezeptoren in der Haut, unter anderem für Wärme und Kälte, Druck oder Schmerz. Letztere adaptieren im

Gegensatz zu den anderen übrigens nicht! Schmerz wird also kontinuierlich als solcher wahrgenommen. Wärmerezeptoren gibt es nur um den Schnauzenbereich, ansonsten überwiegen die Kälterezeptoren. Hunde, die ein »dünnes Fell« haben, dürfen im Winter ruhig ein Mäntelchen tragen! Bei höheren Temperaturen ist stets darauf zu achten, dass der Hund nicht überhitzt. Im Gegensatz zu uns Menschen können Hunde ihre Körpertemperatur nämlich nur über das Hecheln (und einige Schweißdrüsen an den Pfoten) regulieren und kommen so vergleichsweise schnell in Not!

Streicheln und Kuscheln gehören natürlich zu einer guten Mensch-Hund-Beziehung. Beachten Sie aber, dass der Mensch Anfang und Ende einer Kuscheleinheit bestimmen sollte. Achten Sie darauf, dass der Körperkontakt für den Hund auch wirklich etwas Angenehmes darstellt. Wenn wir unserem Vierbeiner den Kopf tätscheln, signalisieren wir ihm damit nur Ranghöhe, dies wird vom Vierbeiner nicht als Geste der Zuneigung oder gar des Lobes verstanden! Wichtiger als das Streicheln – das vor allem auch uns Menschen guttut! – ist für den Hund das gemeinsame enge Liegen mit »seinem Rudel«, das sogenannte Kontaktliegen. Probieren Sie es aus und machen Sie zum Beispiel aus einer alten Matratze eine solche Kontaktliegestelle. Es wird die Beziehung zu Ihrem Vierbeiner nachhaltig vertiefen!

Schmecken

Hunde haben deutlich weniger Geschmacksknospen als der Mensch, daher ist der Geruch bei der Essenswahl sicherlich entscheidender. Einige Hunde neigen allerdings dazu, alles, was sie finden, zu sich zu nehmen. Oftmals scheinen gerade Dinge, die wir besonders abstoßend finden, für den Hund eine große Faszination zu haben – wie zum Beispiel vergammeltes Essen! Es werden vier Geschmacksrichtungen wahrgenommen: süß, sauer, bitter und salzig. Bitteres und Saures wird nicht gemocht, Süßes (zum Beispiel junges Gras) hingegen sehr.

Wälzen ist schööön! Warum Hunde das tun, ist übrigens noch nicht hinreichend geklärt. Möglicherweise wollen sie so ihre Beute markieren.

Die Kommunikation

Hunde kommunizieren untereinander vor allem mittels der Körpersprache. Auch Gerüche spielen eine wichtige Rolle als Informationsträger. Die Lautgebung als ein Mittel zur Verständigung hat erst im Zusammenleben mit dem Menschen an Bedeutung gewonnen und sich dementsprechend entwickelt. Heutzutage ist eine Vielzahl unterschiedlicher Bell- und Knurrlaute bekannt, deren Bedeutung Gegenstand wissenschaftlicher Untersuchungen ist. Hunde bellen, wenn sie erregt sind, sie bellen, um zu distanzieren (zum Beispiel der Hund am Gartenzaun), sie bellen während des Jagens, zur Spielaufforderung und um Aufmerksamkeit zu bekommen. Letzteres funktioniert bei uns Menschen meist prima!

Umgekehrt verstehen Hunde nicht, was wir – im wörtlichen Sinne – sagen. Gleichwohl sind sie stets darum bemüht und versuchen, aus dem Sammelsurium an Informationen, die wir ihnen geben, herauszufinden, was wir denn nun eigentlich gerade von ihnen fordern! Für die Hundeerziehung bedeutet dies zweierlei: Zum einen müssen Kommandos sehr sorgfältig aufgebaut werden. Für Hunde spielen dabei unsere Körperhaltung und die Bewegung unseres Körpers eine entscheidende Rolle. Wortkommandos werden im Allgemeinen erst später eingebaut. Es muss uns klar sein, dass es ein langer Prozess ist, bis ein Hund tatsächlich ein Wort »versteht«.

Hunde geben oft feine Signale, die wir Menschen übersehen. Hier zeigt die Hündin ein kurzes Lecken über das Maul, um zu beschwichtigen.

Allerdings lernt er zum Beispiel vergleichsweise schnell, dass es sich lohnt, sich vor dem Besitzer hinzusetzen – egal, ob dieser »sitz, sitz, siiiiiitz!« schreit oder nicht! Da sich Hunde alle Mühe geben, uns zu verstehen, sollten wir (zweitens) gleichermaßen versuchen, die Sprache der Hunde zu deuten. Ein Schwanz wedelnder Hund ist eben nicht ein fröhlicher Hund, Schwanzwedeln bedeutet – wie auch die sogenannte »Bürste« – nur, dass der Hund erregt ist. Nur wenn wir die gesamte Körperhaltung eines Hundes betrachten, bekommen wir Informationen zu seiner Stimmungslage und seinen Absichten.

Hunde verfügen über ein großes Repertoire an beschwichtigenden Gesten. Diese dienen dazu, Kämpfe zu vermeiden. Die Gefahr, bei einem Kampf verletzt zu werden, könnte unter Umständen einen evolutionären Nachteil bedeuten. Beschwichtigungssignale können sehr subtil sein. Schon ein Blinzeln, ein kurzes Abwenden des Kopfes oder ein Lecken übers Maul soll dem Gegenüber friedliche Absichten signalisieren. Welpen zeigen das Maulwinkellecken bei älteren Hunden, um zu beschwichtigen. Zu den besänftigenden Gesten gehört auch das »Pföteln«. Eine sehr hohe Form der Beschwichtigung ist, wenn sich der Hund seitlich hinlegt und seine Bauchseite der Untersuchung preisgibt. Andererseits zeugen Signale wie hochaufgerecktes Gehen, möglicherweise gepaart mit aufgestellten Haaren am Rücken, davon, dass ein Hund sehr selbstbewusst ist. Wackelt dabei die Rute, zeigt dies die Erregung des Hundes. Hunde, die offensiv drohen, fixieren ihr Gegenüber mit den Augen, sie zeigen ihre Waffen (= die Zähne) und haben Runzeln auf der Nase. Macht sich ein Hund mit Runzeln auf der Nase klein und zeigt die Zähne bei lang gezogener Maulspalte, droht er aus Angst gleich anzugreifen. Beide Drohungen sind ernst zu nehmen!

Wie wir sehen, ist die Körpersprache von Hund und Mensch verschieden, häufig sogar entgegengesetzt. Als Menschen lernen wir, dass es höflich ist, einem Gegenüber zur Begrüßung die Hand zu geben, ihm dabei in die Augen zu sehen und zu lächeln.

Für Hunde ist dies alles bedrohlich, wobei sie als hoch anpassungsfähige Wesen mit der Zeit lernen, die menschliche Körpersprache – zumindest teilweise – zu »lesen«. Beispielsweise lernen sie, dass das »Zähne zeigen« bei den Zweibeinern keine Bedrohung darstellt. Nichtsdestoweniger sollten wir lernen, Hunden auf hundefreundliche Art zu begegnen, indem wir uns beispielsweise klein machen, den Blick abwenden und den Hund erst mal schnuppern lassen. So können wir auch unsichere Hunde animieren, Kontakt zu uns aufzunehmen.

Ein junger Rüde lässt sich von einem älteren beschnüffeln – eine hohe Form der Beschwichtigung.

Lerntheorie

Klassische und instrumentelle Konditionierung

Die *klassische Konditionierung* ist wichtig, um zu verstehen, wie Lernen funktioniert. Erinnern wir uns an den Biologieunterricht: Der russische Physiologe Iwan Pawlow läutete jedes Mal eine Glocke, wenn er einem Hund das Fressen hinstellte. Nach einiger Zeit reichte das Läuten der Glocke aus, um bei dem Hund Speichelfluss auszulösen. Ein zuvor unbedeutender Reiz erlangte also für den Hund die Bedeutung »Futter« und initiierte damit den reflexartigen Fluss von Speichel. In der modernen Hundeerziehung wird die klassische Konditionierung häufig eingesetzt, um dem Hund in Verbindung mit einem neuen Geräusch oder Signalwort erst mal »ein gutes Gefühl« zu geben. Bei einem neuen Hund ist es zum Beispiel eine gute Idee, den Namen des Hundes zu sagen und ihm gleichzeitig etwas Leckeres zu füttern, sodass eine positive Assoziation zum neuen Namen hergestellt wird.

Bei der *instrumentellen oder operanten Konditionierung* wird nicht ein neuer Reiz an eine bereits bestehende (unwillkürliche!) Reaktion gekoppelt, sondern eine neue Reaktion wird mit einer bestimmten auslösenden Situation in Verbindung gebracht. Sollte sich diese Reaktion als lohnend erweisen, wird sie in Zukunft häufiger gezeigt werden. Die instrumentelle Konditionierung ist ein wichtiger Bestandteil der modernen Hundeerziehung: Halte ich ein Leckerchen über den Kopf des Hundes (= auslösende Situation), wird sich der Hund vermutlich hinsetzen (Reaktion). Erhält er dann die Belohnung, wird er dieses Verhalten in Zukunft sicherlich wiederholen. Im Gegensatz zur klassischen Konditionierung ist die Reaktion hier willkürlich.

Verstärkung und Strafe

Damit kommen wir zur Verstärkung und zur Strafe. Per Definition bedeutet »Verstärkung«, dass sich die Wahrscheinlichkeit erhöht, dass ein Individuum in Zukunft ein bestimmtes Verhalten wiederholt. »Strafe« hingegen bedeutet, dass sich diese Wahrscheinlichkeit vermindert. Die Verstärkung kann dabei positiv sein. Das heißt, es wird etwas Angenehmes (wie Lob oder Leckerchen) hinzugefügt. Das bedingt, dass das Verhalten in Zukunft wiederholt gezeigt wird. Die Verstärkung kann auch negativ sein. Das bedeutet, dass etwas Unangenehmes (wie der Leinenruck) weggelassen wird, was ebenso dazu führt, dass das Verhalten in Zukunft vermehrt auftreten wird. Gleiches gilt für die Strafe. Eine positive Strafe bedeutet, dass etwas Unangenehmes hinzugefügt (zum Beispiel Schmerzen), eine negative Strafe, dass etwas Angenehmes entfernt wird (zum Beispiel Aufmerksamkeit). Beide Varianten führen dazu, dass das Verhalten in Zukunft seltener gezeigt wird.

Da Hunde maximal anpassungsfähig und kooperativ sind, kann man mit ihnen nahezu ausschließlich mit der Methode der positiven Verstärkung arbeiten. Als Strafe eignet sich der Entzug der Aufmerksamkeit. Dies kann man sich in der Hundeerziehung zunutze machen, indem man unerwünschtes Verhalten konsequent ignoriert. »Ignorieren« bedeutet: Man darf den Hund als unmittelbare Reaktion auf ein gezeigtes Verhalten nicht anschauen, nicht ansprechen und nicht anfassen. »Konsequenz« bedeutet: Jeder Versuch des Hundes, Aufmerksamkeit zu bekommen, darf nicht zum Erfolg führen. Wird das Verhalten auch nur gelegentlich verstärkt (indem zum Beispiel ein Besucher den hochspringenden Hund freudig begrüßt), bleibt die Motivation bestehen, das Verhalten zu zeigen.

Motivation, Timing und Konsequenz

Die drei wichtigsten Elemente der Hundeerziehung sind die Motivation, das Timing und die Konsequenz.

Die *Motivation* ist die Triebfeder jedes Handelns. Man ist motiviert, etwas zu tun, wenn sich das Verhalten lohnt, es also belohnt wird. Wir gehen zur Arbeit, weil wir bezahlt werden. Wir lernen, weil wir einen guten Abschluss erreichen wollen. Für alle Individuen lohnt sich ein Verhalten, wenn es dazu beiträgt, die eigene »Fitness« zu steigern. »Fitness« bedeutet hier die Möglichkeit, Nachkommen zu haben und damit die eigenen Gene weiterzugeben. Wichtig ist aber auch der Wert, den wir einer zu erwartenden Belohnung beimessen. Je höher dieser Wert ist, desto höher ist natürlich auch die Motivation, ein Verhalten zu zeigen. Hat man zwei konkurrierende Motivationen, wird sich ein Individuum sicherlich für die Handlung entscheiden, bei der die zu erwartende Belohnung größer oder besser ist. Vereinfacht gesagt bedeutet dies für uns Hundehalter: Wenn wir unseren Hund davon abhalten wollen, hinter einem Hasen herzujagen, können wir dies nicht mit ein paar Brocken Trockenfutter erreichen!

Der Zeitpunkt der Belohnung – das *Timing* – ist beim Hund von entscheidender Bedeutung. Im Gegensatz zu uns Menschen, wo eine Belohnung auch zeitverzögert – da angekündigt – eintreten kann (wie zum Beispiel das monatliche Gehalt), muss diese beim Tier unmittelbar erfolgen, damit eine Verknüpfung zum gezeigten Verhalten hergestellt werden kann. Ein Hund, der seinen Keks in dem Moment bekommt, in dem er aus der Sitzposition aufsteht, wird für das Aufstehen und nicht für das Sitzen belohnt. Gleiches gilt auch für die Strafe, die dazu führen soll, dass ein Verhalten in Zukunft nicht mehr gezeigt werden soll. Ein Hund, der bestraft wird, wenn er zu lange im Wald unterwegs war, wird fürs Herankommen und nicht fürs Streunen im Wald bestraft. Sie haben leider nur < 1 Sekunde Zeit, um ein Verhalten, dass Ihnen Ihr Vierbeiner vorführt, entsprechend zu bewerten!

Durch das Leckerchen in der Hand wird der Hund motiviert, Blickkontakt aufzunehmen.

Konsequenz in der Hundeerziehung bedeutet zunächst einmal, sich über die Konsequenzen des eigenen Handelns bewusst zu werden. Wird sich durch die Reaktion auf ein vom Hund gezeigtes Verhalten die Wahrscheinlichkeit erhöhen, dass der Hund das Verhalten in der Zukunft wiederholt, oder verringert sie sich? Beachte ich meinen Vierbeiner nur, wenn er unerwünschtes Verhalten zeigt (zum Beispiel, wenn er bellt), und nehme erwünschtes Verhalten als selbstverständlich hin (zum Beispiel, wenn er ruhig in seinem Körbchen liegt), verstärke ich genau das Verhalten, das ich eigentlich nicht wünsche. Ignoriere ich meinen Hund, wenn er bei Tisch bettelt, bin dabei aber nicht hundertprozentig konsequent, wird er nur lernen, dass es sich gelegentlich lohnt, und das Verhalten weiterhin zeigen.

Es ist auch wichtig, dass man sich selbst Ziele setzt, die man mit hundertprozentiger Konsequenz umsetzen kann. Kann ich tatsächlich konsequent darauf achten, dass sich mein Hund an jeder Bordsteinkante hinsetzt, oder ist die Umsetzung in der Hektik des Alltags gar nicht möglich (und wäre es nicht viel einfacher, diese Übung zunächst nur an bestimmten Stellen zu üben)? Wird sich mein Hund tatsächlich hinsetzen, wenn ich »Sitz« zu ihm sage, oder fehlt ihm dazu die Aufmerksamkeit, da er gerade einen Artgenossen sieht, oder hat er Kommando und Reaktion vielleicht noch gar nicht ausreichend verknüpft? Dann lernt er nämlich höchstens, dass das Wörtchen »Sitz« für ihn keine Bedeutung hat!

Belohnung

Wenn wir mit dem Prinzip der »positiven Verstärkung« arbeiten, müssen wir uns nun zunächst die Frage stellen, welche Reaktion auf ein Verhalten sich für unsere Vierbeiner »lohnt«. Für Hunde ist unsere Aufmerksamkeit ein hohes Gut, und so reicht es oft schon aus, unseren Hund zu beachten, um ein Verhalten zu verstärken. Aber auch eine Vielzahl von anderen Dingen haben für Hunde einen belohnenden Charakter wie das Ableinen, die Kontaktaufnahme mit Artgenossen, das Spiel mit dem Besitzer, anderen Hunden oder einem Ball – und natürlich Leckerbissen. Die meisten Hunde lassen sich sehr gut mittels Futter belohnen. Arbeitet man mit Leckerchen, hat man den Vorteil, sehr zielgerichtet und einfach belohnen zu können. Bei Hunden, die nicht so verfressen sind, ist es oftmals hilfreich, die Futtermenge zunächst deutlich zu reduzieren. Das ideale Leckerchen ist klein, weich, leicht abzuschlucken und natürlich schmackhaft. Viele im Handel erhältliche »keksige« Leckerchen haben den Nachteil, dass sie bröseln und meist so groß sind, dass der Hund einige Zeit darauf herumkauen muss. Wichtig ist, dass Sie die Leckereien variieren, sonst verlieren diese an Bedeutung (stellen Sie sich vor, Sie müssten jeden Tag eine Tüte Gummibärchen essen!).

Wir wollen natürlich keine übergewichtigen, sondern motivierte und »folgsame« Hunde. Daher ist es wichtig, die Leckereien in die tägliche Ration einzukalkulieren. Mischen Sie doch einfach einen Teil der täglichen (Trockenfutter-)Ration mit Leckerchen und bedienen Sie sich daraus. Dann bleibt es für den Hund immer spannend (gibt es »nur« Trockenfutter oder ein Stück Wiener?). Zudem können Sie mit einer Futtermischung differenziert belohnen; das heißt, für ein tolles Verhalten gibt es auch etwas besonders Gutes. Auch wenn im Folgenden meist von »Leckerchen« die Rede sein wird, können Sie Ihren Hund natürlich auch anders belohnen. Wichtig ist nur, dass die Reaktion tatsächlich auch eine Belohnung für Ihren Vierbeiner darstellt. Tätscheln Sie ihm beispielsweise »lobend« den Kopf, ist dies nur eine Demonstration von Ranghöhe!

Bei den im Buch beschriebenen Kommandos wird im Allgemeinen zunächst mit »Bestechung« gearbeitet. Das bedeutet, dass der Hund die Belohnung, die er erhalten wird, sieht. Er bekommt sie, wenn er das erwünschte Verhalten oder einen Schritt in die richtige Richtung gezeigt hat. Lässt sich ein Verhalten mit Bestechung gut abrufen, sollte man zügig von der Bestechung zur Belohnung übergehen, das heißt, man führt den Hund sozusagen nicht mehr »an der Nase herum«, sondern macht nur die entsprechende Handbewegung. Die Belohnung kommt dann aus der anderen Hand oder dem Leckerchenbeutel.

Nun haben wir einen Hund, der etwas gelernt hat, was sich für ihn lohnt, weil er belohnt wird. Muss ich ihn nun ein ganzes (Hunde-)Leben lang belohnen? Die Antwort ist »jein«! Gehen Sie von der Belohnung in kleinen Schritten dazu über, a. intermittierend und b. differenziert zu belohnen. »Intermittierend« bedeutet, dass Sie in kleinen und unregelmäßigen Abständen Belohnungsleckerchen weglassen, wenn das Verhalten schon gut gefestigt ist. Wichtig ist, dass die Reduzierung der Belohnung für den Hund unvorhersehbar ist: Belohne ich nämlich jedes zweite Mal nicht, lernt mein Vierbeiner, dass sich das Hinsetzen eben nur jedes zweite Mal lohnt! Sie sollten die Anzahl der Belohnungsleckerchen also in kleinen Schritten reduzieren.

Beginnen Sie dann, ein Verhalten differenziert zu belohnen: Kommt der Hund auf Ihren Abruf nur langsam und hebt unterwegs noch das Bein, ist das nur ein verbales Lob wert, flitzt er jedoch auf Ihr Kommando hin aus einer Gruppe von Artgenossen zu Ihnen, hat er sich wahrlich den »Jackpot« verdient! Das kann dann ein ganz besonders feiner Happen sein, den Sie vielleicht in einem Extra-Fach verstaut haben – oder natürlich auch ein tolles Spiel mit dem Lieblingsspielzeug! So formen Sie das Verhalten Ihres Hundes kontinuierlich und können allmählich die Belohnung reduzieren. Lassen Sie diese jedoch nicht von heute auf morgen ganz weg (nach dem Motto »Das muss er jetzt können!«). Die Motivation, etwas zu tun, muss erhalten bleiben – oder würden Sie weiter zur Arbeit gehen, wenn Ihr Chef die Bezahlung plötzlich einstellt? Das Ziel in der Hundeerzie-

Leberwurst aus der Tube – eine besonders leckere Belohnung für eine besonders tolle Leistung!

hung ist also, nur noch selten und zudem gezielt zu belohnen. Damit bleibt die Motivation erhalten. Denken Sie an die zahlreichen Menschen, die Lotto spielen: Deren Motivation wird mit gelegentlichen kleinen Gewinnen und der Aussicht auf einen riesigen »Jackpot« aufrechterhalten. Und keine Angst: Sollten Sie einmal die Belohnungsleckerchen oder das Lieblingsspielzeug vergessen haben, wird Ihr Vierbeiner trotzdem »funktionieren«, und Sie haben immer noch die Möglichkeit, ihn durch Ihre Begeisterungsstürme für seine Folgsamkeit zu belohnen!

Mein Tipp

Wenn Ihr Hund die Belohnungsleckerchen zu ungestüm nimmt, lassen Sie ihn für einige Zeit täglich eine Handvoll Futter aus Ihrer Hand fressen. Er bekommt das jeweilige Futterstück nur, wenn er es vorsichtig nimmt. Ist er zu stürmisch, »quieken« Sie laut und lassen Sie Ihre Hand geschlossen

Belohnung mit Ballwurf: Zur Belohnung darf der Hund dem Ball hinterherjagen.

Hier lernt der Hund, zur Belohnung ein Leckerchen aus der Luft zu fangen.

Sekundäre Verstärker: Lobwort und Clicker

Ein primärer Verstärker ist alles, was für den Hund direkt eine Belohnung darstellt: ein Lob, ein Leckerchen, ein fliegender Ball… Häufig ist es jedoch gar nicht so einfach, den Hund direkt und innerhalb < 1 Sekunde für ein gezeigtes Verhalten zu belohnen. Dann ist es hilfreich, wenn man einen sekundären Verstärker etabliert hat, der die primäre Belohnung ankündigt. Damit hat man zum Beispiel die Möglichkeit, seinem weit entfernten Vierbeiner mitzuteilen, dass das, was er gerade getan hat (zum Beispiel Blickkontakt aufzunehmen), richtig und gut war und er sich eine Belohnung abholen darf.

Als sekundärer Verstärker eignet sich ein Geräusch oder ein Wort. Ein Geräusch wird zum Beispiel beim Clickertraining verwendet. Hier kündigt ein Click (ähnlich dem Geräusch eines Knackfrosches) die Belohnung an. Der Vorteil des Clickers ist, dass das Knacken personen- und stimmungsunabhängig ist. So wird den Hunden gut verständlich mitgeteilt, welches Verhalten erwünscht ist. Der Nachteil des Clickers ist, dass man ihn natürlich zur Hand haben muss. Alternativ kann man mit einem Lobwort als sekundärem Verstärker arbeiten. Das Prinzip ist dasselbe!

Überlegen Sie sich zunächst, welches Ihr Lobwort werden soll. Nehmen Sie dann eine Schüssel mit Futter und Leckereien, sagen Sie Ihr Lobwort und geben Sie Ihrem Hund jedes Mal unmittelbar darauffolgend ein Leckerchen. Mit der Zeit wird das Lobwort dem Hund »ein gutes Gefühl« geben. Setzen Sie es dann im Training und Alltag vor jede Belohnung, die Sie dem Hund geben. Sie merken, dass eine ausreichende Verknüpfung stattgefunden hat, wenn Ihr Vierbeiner sofort zu Ihnen läuft, sobald Sie das Lobwort gesagt haben. Ein sekundärer Verstärker ist damit trotzdem kein Abrufsignal! Umgekehrt können Kommandos allerdings zum sekundären Verstärker werden, ohne dass wir Menschen das wollen. Rufe ich meinen Hund immer dann zu mir ins Haus, wenn er im Garten bellt, und belohne ihn dann fürs Kommen, wird der Abruf aus dem Garten zum sekundären Verstärker, kündigt er doch die zu erwartende Belohnung an!

Trainingsprinzipien

Üben Sie mit Ihrem Vierbeiner gezielt und planvoll. Arbeiten Sie stets in einem Bereich, in dem der Hund Erfolg haben kann! Beachten Sie dabei, dass jeder Hund »Schokoladenseiten«, Stärken und Schwächen hat. Einige Hunde legen sich gerne ins »Platz« und rollen sich genüsslich auf Kommando, andere brauchen mehrere Tage, um dies zu erlernen, sind dafür aber Meister im Apportieren oder großartige Schwimmer.

Gestalten Sie kleine Übungseinheiten von etwa einer Minute und machen Sie dann eine kurze Pause, in der sich Ihr Hund ausruhen kann und Sie sich den nächsten Schritt überlegen. Passen Sie das Trainingspensum dem Alter Ihres Hundes an!

Hunde lernen kontextspezifisch, das heißt, sie verknüpfen eine Handlung mit dem Ort und den Umständen des Geschehens. Es ist für den Hund ein Unterschied, ob er sich auf dem Teppich oder in der feuchten Wiese hinlegen soll! Werden beim Üben mit dem Hund die Orte und Umstände häufig variiert, kommt es zur sogenannten Generalisierung. Der Hund lernt, dass ein bestimmter Befehl an jedem Ort das Gleiche zu bedeuten hat. Beginnen Sie mit dem Training stets an Plätzen mit geringer Ablenkung und steigern Sie den Grad der Ablenkung erst, wenn die Übung zuverlässig gelingt.

Bedenken Sie, dass eine Übung etwa 4000-mal unter den unterschiedlichsten Bedingungen geübt werden muss, bis sie richtig sitzt! Ändern Sie immer nur einen Parameter, wenn Sie eine Übung schwieriger gestalten möchten. Arbeiten Sie beispielsweise an der Dauer, die ein Hund im »Sitz« bleiben soll, erhöhen Sie nicht gleichzeitig den Grad der Ablenkung! Wenn etwas verändert – also schwieriger – wird, achten Sie darauf, dass das Kommando eindeutig gegeben wird. Übertreiben Sie dabei die Körpersprache und machen Sie eine überdeutliche (Hand-) Bewegung. Gehen Sie zusätzlich eventuell von der Belohnung zurück zur Bestechung.

Hinterfragen Sie stets, was den Hund dazu veranlasst, einen Befehl auszuführen. Meist gehören für unseren Vierbeiner nämlich mehrere Dinge dazu – zum Beispiel, dass Sie ihn dabei ansehen oder dass Sie die Hand in die Leckerchentasche stecken. Sind Sie sich sicher, dass er sich auf Ihr Wortkommando »Sitz« hinsetzt, überprüfen Sie dies, indem Sie Ihre Körperposition verändern, sich seitlich zu ihm drehen, sich auf eine Bank setzen, sich hinknien oder Ähnliches.

Arbeiten Sie zunächst mit Ihrer Körpersprache, wenn Sie ein neues Kommando aufbauen. Fügen Sie ein Wortkommando erst dann hinzu, wenn Sie das erwünschte Verhalten zuverlässig abrufen können. Setzen Sie das Wortkommando zunächst unmittelbar vor Ihr Handzeichen. Nach einiger Zeit können Sie die Zeitspanne zwischen Wortkommando und Handzeichen erhöhen (auf etwa drei Sekunden), um zu sehen, ob schon das Wort allein eine Reaktion auslöst.

Wählen Sie eindeutige Kommandos: Wird das Zeichen mit der rechten oder linken Hand gegeben? Hunde können dies durchaus unterscheiden! Heißt

das verbale Kommando »xxx, komm!« oder »Komm, xxx!« oder gar »Kommst her oder ned!«? Für Hunde sind das ganz unterschiedliche Laute! Sollen Kommandos auf beiden Seiten ausgeführt werden, benötigen Sie pro Seite ein eigenes Wortkommando!

Hilfe, es klappt nicht!

Zerlegen Sie die Übung gegebenenfalls in kleinere Schritte. Gehen Sie einen Schritt zurück, wenn eine Übung zweimal nicht gelingt.

Achtung: Hunde entwickeln oft unerwünscht Handlungsketten. Lobe ich meinen Vierbeiner jedes Mal, wenn er aus dem Wald zurück auf den Weg kommt, kann er dies zum Anlass nehmen, häufiger im Wald zu verschwinden (die Lösung: Belohnen Sie Ihren Vierbeiner erst, wenn er einige Schritte auf dem Weg gegangen ist, und steigern Sie langsam die Anzahl der Schritte, die er gehen muss, bevor es die Belohnung gibt).

Hilfen, die Sie geben, um Ihren Hund auf die richtige Fährte zu locken, müssen in kleinen Schritten abgebaut werden, damit die Übung auch »ohne« funktioniert. Achten Sie darauf, dass Ihr Vierbeiner alles, was er vorhersehen kann, auch vorhersehen wird: Der Hund muss jedes Mal an die Leine, wenn Ihr Griff zum Halsband geht? Er wird höchstwahrscheinlich schnell lernen, sich diesem zu entziehen, vor allem dann, wenn das Anleinen immer das Ende von etwas bedeutet (das Ende vom Spaziergang, das Ende vom Spiel mit den Artgenossen …).

Zusammengefasst: Wenn Sie mit Ihrem Hund in kleinen Übungseinheiten kleine, wohlüberlegte, für den Hund nachvollziehbare Übungsschritte machen, kann aus einer einfachen Übung (Bild **1**) etwas Spektakuläres (Bild **2**) werden!

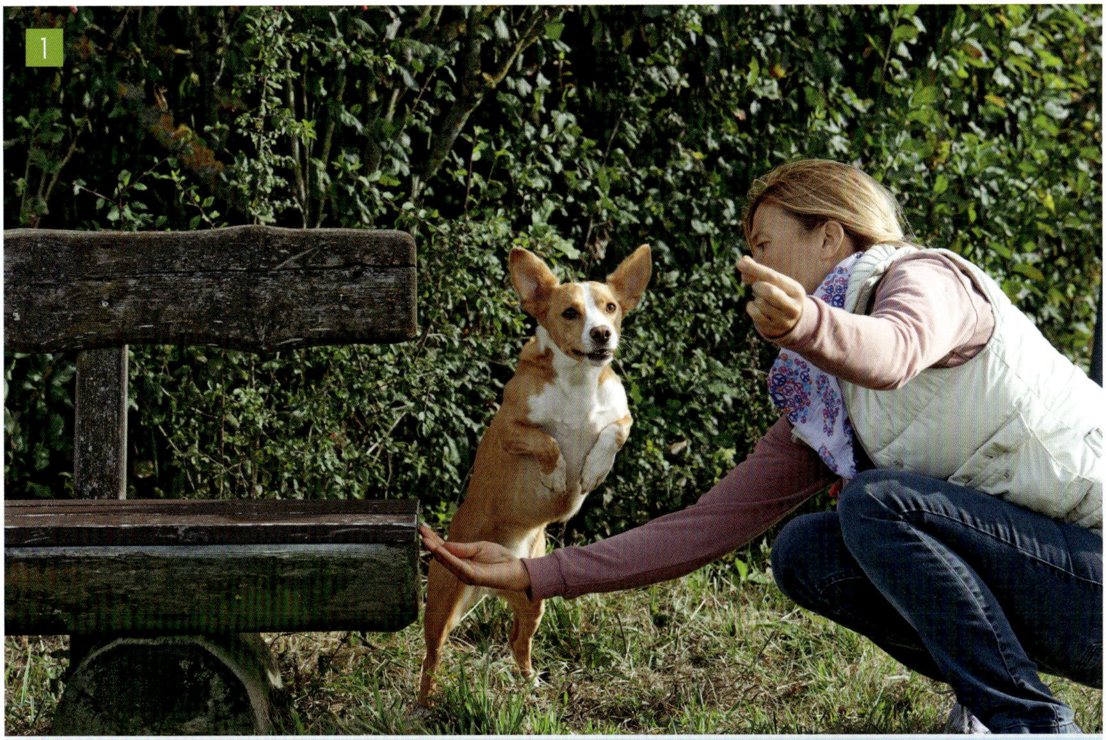
1

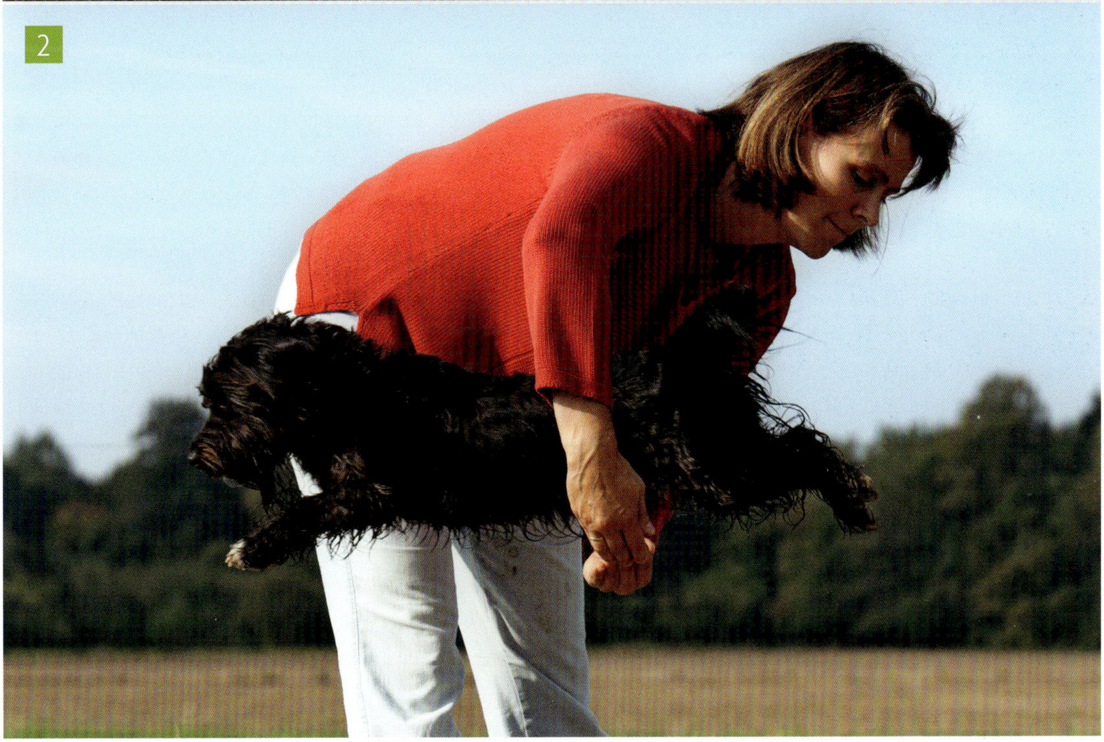
2

»Dreh dich«

Anhand dieses Tricks soll noch einmal dargestellt werden, wie ein Kommando aufgebaut wird. Ziel der Übung ist, dass sich der Hund einmal um die eigene Achse dreht. Mehrfaches Kreiseln, wie es von manchen Hunden gezeigt wird, sollte nicht verstärkt werden, da es sich zu einem Verhaltensproblem entwickeln kann!

Bestechung

1–**4** Locken Sie Ihren Hund mit einem Futterstückchen vor der Nase einmal im Kreis um ihn selbst herum. Führen Sie ihn dabei mit der rechten Hand; er soll sich nach rechts drehen. Durch das Leckerchen ist der Hund motiviert, der Hand zu folgen. Hat er den Kreis geschafft, sagen Sie sofort das Lobwort und geben das Leckerchen frei.

Für den Hund hat es sich also gelohnt, das Verhalten zu zeigen. Damit erhöht sich die Wahrscheinlichkeit, dass er es in Zukunft wiederholt. Dasselbe wird auch in die andere Richtung geübt, dabei führt die linke Hand den Hund in einem Kreis nach links.

Was tun, wenn es nicht klappt? Klappt eine Übung nicht auf Anhieb, muss sie in kleinere Schritte zerlegt werden. Bei »Dreh dich« kann man einige Male bereits den Ansatz eines Kreises loben und belohnen (also in der Position von Bild **1** oder Bild **2**) und dem Hund so zeigen, dass er auf dem richtigen Weg ist. Dann können die Ansprüche langsam gesteigert werden; der Hund wird schrittweise etwas weiter gelockt, gelobt und belohnt, bis hin zur Vollendung des Kreises. Halten Sie die führende Hand nicht zu hoch, dies könnte den Hund zum Springen verleiten.

Belohnung

Lässt sich der Kreis zuverlässig mithilfe eines Leckerchens abrufen, geht man von der Bestechung zur Belohnung über. Das heißt, man führt den Hund mit der Hand ohne Leckerchen im Kreis, lobt ihn sofort und gibt die Belohnung aus der anderen Hand oder der Leckerchentasche.

Was tun, wenn es nicht klappt? Oftmals ist der Übergang von der Bestechung zur Belohnung nicht ganz einfach, da das Leckerchen in der Hand als Motivator wegfällt. Gestalten Sie den Übergang »sanft«: »Bestechen« Sie Ihren Vierbeiner einige Male, belohnen Sie ihn dann »nur« und kehren Sie zur Bestechung zurück, um nach einigen Wiederholungen wieder »nur« zu belohnen. Verlegen Sie den Schwerpunkt nach und nach auf die Belohnung. Eine weitere Möglichkeit besteht darin, den Hund mit dem Leckerchen in der Hand zwar zu locken, ihm die Belohnung dann aber aus der anderen Hand zu geben.

Das Wortkommando

Lässt sich ein Verhalten zuverlässig mit der Handbewegung abrufen, kann man ein Wortkommando hinzufügen. Dieses Wortkommando (»Dreh dich«) wird, kurz (1 Sekunde!) bevor der Hund per Handzeichen gezeigt bekommt, was er tun soll, gegeben. Um nach einigen Übungseinheiten zu überprüfen, inwieweit der Hund eine Verknüpfung zwischen Wortkommando und Verhalten hergestellt hat, vergrößert man den Abstand zwischen Wortkommando und Handzeichen auf etwa 3 Sekunden und gibt so dem Hund die Möglichkeit, bereits auf das Wortkommando zu reagieren. Verwenden Sie für jede Seite ein anderes Wortkommando!

Kommandos

Jetzt geht es los! Grundkommandos wie »Sitz« und »Platz« sollte jeder Hund beherrschen. Oft lassen sich daraus aber auch schöne Tricks ableiten. Üben Sie zu Hause und unterwegs, nehmen Sie sich Zeit und haben Sie Geduld. Das Wichtigste beim Üben ist, dass Zwei- wie Vierbeiner mit Spaß dabei sind!

»Sitz«

Das Sitzen auf Kommando ist eine wichtige Übung, die jeder Hund beherrschen sollte (und kann!).

Der Übungsaufbau

1 Halten Sie ein Leckerchen so über die Nase des Hundes, dass er sich ein bisschen danach strecken muss. Wenn sich die Nasenspitze hebt, wird sich das Hinterteil Richtung Boden senken. Sagen Sie Ihr Lobwort und geben Sie die Belohnung frei.

2 Integrieren Sie den erhobenen Zeigefinger in Ihre Handbewegung. Zwischen Daumen und Mittelfinger halten Sie noch immer das Leckerchen, um den Hund zur erwünschten Bewegung zu veranlassen. Geben Sie dieses frei, sobald Ihr Vierbeiner sitzt.

Klappt dies zuverlässig, halten Sie das Leckerchen nicht in der Hand, mit der Sie Ihr Handzeichen machen, sondern verstecken Sie es in der anderen Hand hinter Ihrem Rücken. Wenn Ihr Hund sitzt, kommt die Belohnung aus der versteckten Hand und schließlich aus dem Leckerchenbeutel.

Üben Sie nun an verschiedenen Orten und auf verschiedenen Untergründen. Bei schwierigen Gegebenheiten oder in einer ablenkungsreichen Umgebung gehen Sie gegebenenfalls noch einmal zur »Bestechung« zurück.

Sollte sich Ihr Hund zuverlässig auf Ihr Handzeichen hin setzen, dürfen Sie Ihr Wortkommando voranstellen. Sagen Sie dies deutlich, unmittelbar bevor Sie Ihren Zeigefinger heben.

Später lassen Sie nach dem Wortsignal etwa drei Sekunden verstreichen, bevor Sie mit Ihrem Handzeichen gegebenenfalls nachhelfen. So können Sie überprüfen, inwieweit Ihr Vierbeiner Kommando und Aktion bereits verknüpft hat.

Hilfe, es klappt nicht!

Möglicherweise halten Sie das Leckerchen zu hoch oder zu weit vor dem Hund. Positionieren Sie es unmittelbar über der Nasenspitze Ihres Vierbeiners und bewegen Sie es ein wenig Richtung Schwanzspitze.

Oftmals gibt es Probleme beim Übergang von der Bestechung zur Belohnung. Nutzen Sie den Überraschungseffekt: »Bestechen« Sie zwei- bis dreimal; lassen Sie dann das Leckerchen in der Hand einmal weg und belohnen Sie Ihren Vierbeiner aus der anderen Hand. Gehen Sie wieder zurück zur »Bestechung«, wechseln Sie dann erneut zur Belohnung.

3 Achten Sie darauf, dass Ihr Handzeichen für den Hund gut »lesbar« ist. Auf Bild 3 sieht man deutlich, wie sich das Tier bemüht zu verstehen, ihm aber nicht klar ist, was von ihm erwartet wird. Gesehen wird von den Hunden die Bewegung der Hand, also das Erheben des Zeigefingers.

Sollte sich Ihr Hund auf Ihr Kommando hin nicht setzen, fragen Sie sich, woran es liegen könnte. Sicher ist er nicht »stur« und weigert sich, Ihrem Befehl zu folgen. Viel wahrscheinlicher ist es, dass für ihn ein Teil des Kommandos fehlt. Vielleicht gehört es für Ihren Vierbeiner zum Kommando dazu, dass Sie die Hand in der Leckerchentasche haben? Dann muss diese »Hilfe« langsam abgebaut werden!

Meist lernen Hunde schnell, dass es sich lohnt, sich vor ihren Menschen hinzusetzen. Auch im Alltag ist das Sitzen auf Kommando oftmals hilfreich. Sie können mit Ihrem Hund zum Beispiel üben, sich hinzusetzen, wenn Sie eine andere Person begrüßen oder in einem Geschäft einkaufen. Zudem lassen sich aus der Sitz-Position einige Tricks und Modifikationen ableiten, die im Folgenden beschrieben sind.

»Hände hoch«

Aus dem »Sitz« lässt sich sehr schön das Kommando »Hände hoch« entwickeln. Ziel der Übung ist, dass sich der Hund aus der Sitzposition in die Senkrechte erhebt. Dabei soll die Hinterpartie am Boden bleiben. Nebenbei wird zudem die Rückenmuskulatur Ihres Vierbeiners gestärkt.

1—**2** Bringen Sie den sitzenden Hund mithilfe eines Leckerchens, das Sie dicht über seiner Nase nach hinten führen, dazu, sein Gewicht nach hinten zu verlagern, und zwar so weit, dass sich eine oder zwei Pfoten vom Boden lösen. Dafür gibt es ein Lob und ein Leckerchen. Nachdem Sie die Gewichtsverlagerung einige Male belohnt haben, steigern Sie Ihre Ansprüche und belohnen Sie nur noch, wenn tatsächlich beide Pfoten den Boden verlassen haben. Nimmt der Hund die gewünschte Position auf Ihr Handzeichen hin korrekt und zuverlässig ein, können Sie ein Wortkommando voranstellen. Später können Sie daran arbeiten, dass die Position für längere Zeit gehalten wird. Eine weitere Steigerung der Übung ist das zusätzliche Recken der Vorderpfoten.

»Sitz« auf Entfernung

Ihr Hund soll lernen, sich an Ort und Stelle hinzusetzen, sobald er von Ihnen das Kommando dazu bekommt. Sie haben das Sitzen schon so weit geübt und generalisiert, dass sich Ihr Hund bereitwillig auf verschiedenen Untergründen hinsetzt. Nun soll er lernen, sich zu setzen, wenn Sie sich nicht in seiner unmittelbaren Nähe befinden. Das ist gar nicht so einfach, denn Hunde haben die Tendenz, zunächst zu uns zu kommen und sich dann vor uns hinzusetzen.

3 Am einfachsten üben Sie das Sitzen auf Entfernung mit einer Hilfsperson. Diese hält den Hund an der Leine, während Sie sich einige wenige Schritte von ihm entfernen. Geben Sie das Kommando zum Sitzen. Setzen Sie dabei eine sehr deutliche Körpersprache ein und helfen Sie gegebenenfalls mit einem Leckerchen in der Hand nach. Sobald er sich hingesetzt hat, sagen Sie Ihr Lobwort, gehen Sie zum Hund und belohnen Sie ihn. Theoretisch darf er aufstehen, sobald er das Lob von Ihnen bekommt, denn der sekundäre Verstärker – das Lobwort – beendet eine Übung. Erschweren Sie die Übung, indem Sie auf ihn zugehen, bevor Sie ihn loben und belohnen. Strecken Sie in einem nächsten Schritt die Hand, die das Zeichen zum Absitzen gibt (den erhobenen Zeigefinger), weiter nach oben, wie auf dem Bild gezeigt wird. So etablieren Sie ein Handsignal, das auch auf größere Entfernungen gut zu sehen ist.

Mein Tipp

Sollte die Übung nicht gelingen, verringern Sie die Distanz zu Ihrem Vierbeiner. Oftmals ist es auch hilfreich, sich mit der Handbewegung einen Schritt auf den Hund zu zu bewegen, um ein Absitzen auszulösen.

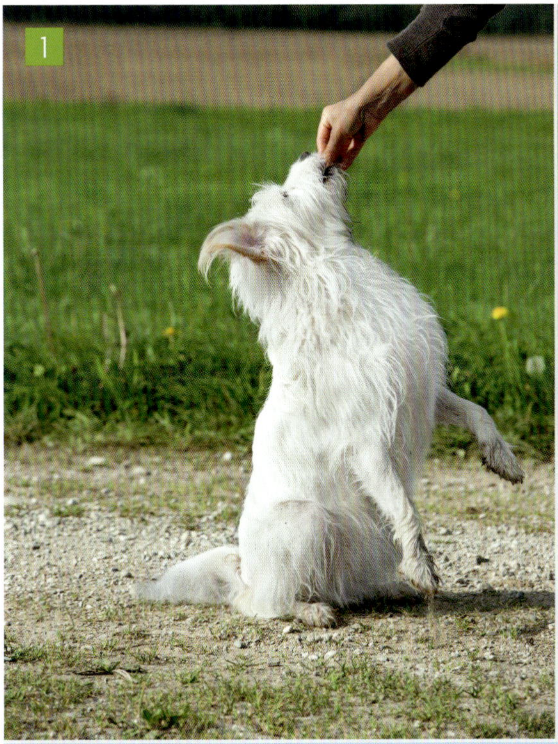
1

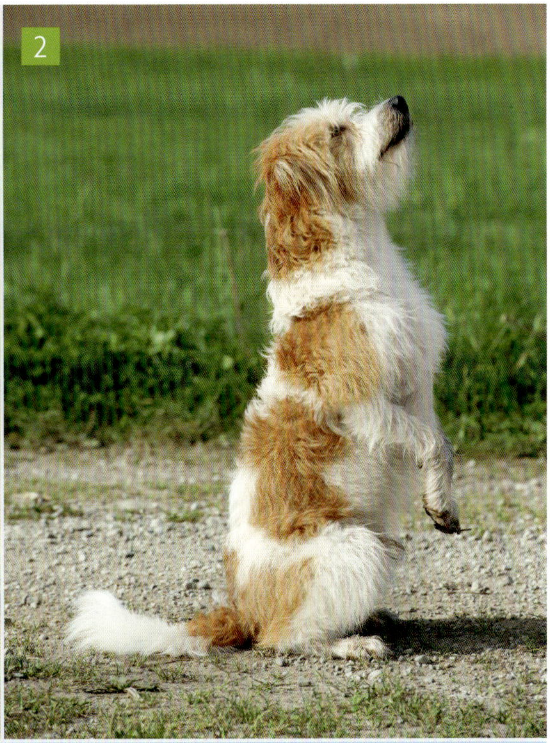
2

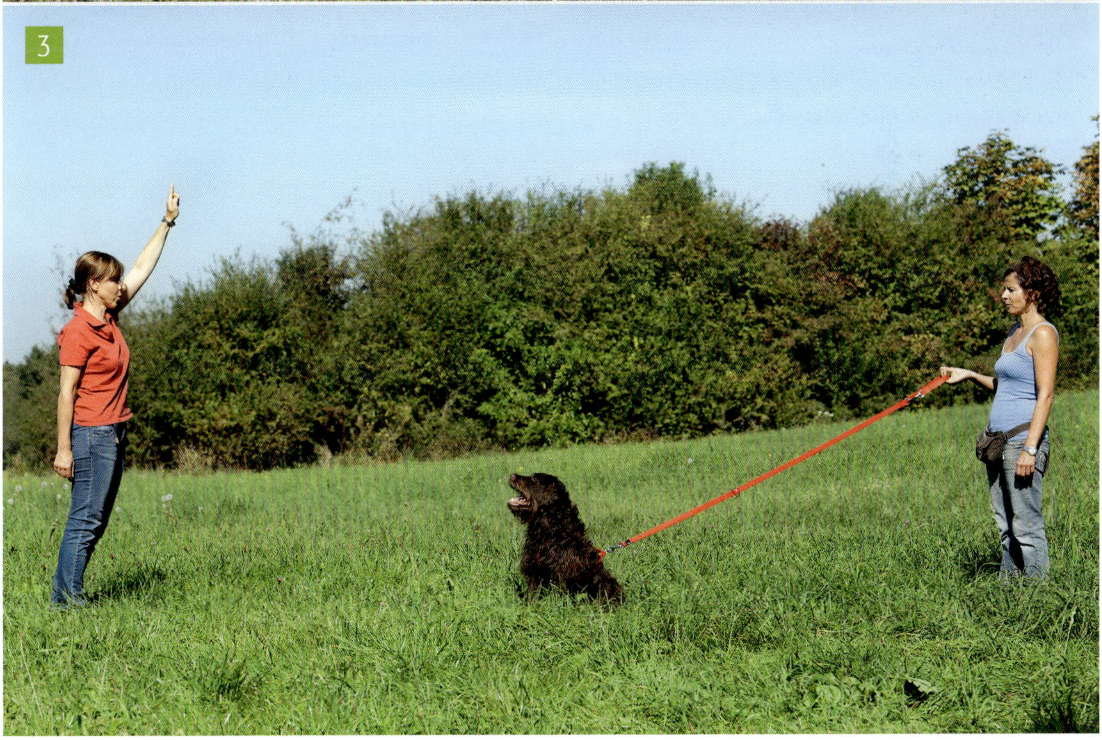
3

»Platz«

Beim Ablegen in die Platz-Position soll der Hund auf dem Bauch liegen; der Kopf muss den Boden dabei nicht berühren. Manche Hunde legen sich gerne und zügig ins »Platz«, anderen bereitet es mehr Mühe. Für diese ist der nachfolgende Übungsaufbau gedacht, die »Könner« üben einfach im »Zeitraffer«.

Das Ablegen

Das Ablegen in die Platz-Position wird am einfachsten aus dem »Sitz« geübt. Der Untergrund sollte für die ersten Trainingseinheiten angenehm sein!

1. Lassen Sie Ihren Vierbeiner absitzen (und belohnen Sie dies gegebenenfalls). Führen Sie nun Ihre Hand, in der sich ein Leckerchen befindet, nahe dem Brustkorb des Hundes nach unten. Ihr Handteller zeigt dabei Richtung Boden. Folgt Ihr Hund Ihrer Bewegung mit seiner Nase und lässt dabei sein Hinterteil am Boden, hat er sich schon eine erste Belohnung verdient. Sagen Sie Ihr Lobwort und geben Sie das Leckerchen frei, indem Sie die Finger spreizen. Wiederholen Sie diesen Schritt mehrmals.

2. Verlangen Sie dann etwas mehr: Senken Sie Ihre Hand Richtung Boden und ziehen Sie Ihren Handteller etwas zu sich heran. Der Hund muss sich nun etwas strecken, um dem Leckerchen zu folgen. Loben und belohnen Sie und üben Sie auch diesen Schritt mehrfach.

3. Um den Hund schließlich in die Bauchlage zu bekommen, ziehen Sie den Handteller ein kleines Stück weiter und lassen Sie ihn einfach am Boden liegen. Meist legt sich Ihr Vierbeiner dann hin. Nun folgen ein großes Lob und natürlich die Belohnung.

Gehen Sie nach mehrmaligem Üben zügig von der Bestechung zur Belohnung über und beginnen Sie, den Untergrund, auf dem Sie üben, zu variieren. Fügen Sie dann Ihr Wortkommando hinzu.

Wenn Ihr Hund das Ablegen aus dem Sitz gut beherrscht, können Sie dazu übergehen, Ihren Hund aus dem Stehen, Gehen oder Laufen abzulegen. Verwenden Sie dabei eine übertriebene Körpersprache und gehen Sie gegebenenfalls nochmals auf die Belohnung vor der Nase zurück. Setzen Sie das Wortkommando erst dann wieder vor die Handbewegung, wenn sich das erwünschte Verhalten zuverlässig auslösen lässt.

Hat der Hund gelernt, sich auf Handzeichen hinzulegen, können daraus leicht Kunststücke entwickelt werden.

Das Robben

Ziehen Sie vor Ihrem im Platz liegenden Hund »in Nasenrichtung« ein Leckerchen einige Zentimeter über den Boden. Ihr Vierbeiner wird versuchen, diesem zu folgen. Sie geben die Leckerei jedoch erst frei, wenn sich der Hund wieder in der Platz-Position befindet.

Lassen Sie Ihren Hund doch mal unter einem Stuhl oder unter Ihren Beinen durchkriechen! Durch das Robben können Sie Ihren Hund übrigens auch aus einer »Schieflage« in eine perfekt gerade Platz-Position bewegen!

Die Rolle

1 Hocken Sie sich vor Ihren im Platz liegenden Hund. Führen Sie mit Ihrer linken Hand ein Leckerchen im Bogen von der Nasenspitze des Hundes bis zu seiner rechten Schulter. Wichtig ist dabei, dass der Bogen nahe dem Boden verläuft und zügig, jedoch nicht zu schnell ausgeführt wird. Loben und belohnen Sie Ihren Hund, wenn er dem Leckerchen mit dem Kopf folgt.

2 Ein nächster Schritt ist getan, wenn sich Ihr Vierbeiner mit der Wendung des Kopfes auf die Seite fallen lässt. Liegt Ihr Hund auf der Seite, führen Sie einfach ein Leckerchen über den Brustkorb auf die andere Seite. Der Hund wird der Bewegung mit dem Kopf nachgehen und der Körper folgt – im Idealfall – wie von selbst.
Üben Sie stets beide Seiten!

»Peng!«

Das Kommando »Peng!« lässt sich leicht üben, wenn der Hund gelernt hat, sich auf die Seite fallen zu lassen. Liegt er seitlich, ziehen Sie ein Leckerchen so in die Richtung seiner Nasenspitze, dass der Kopf dabei auf dem Boden aufliegt. In dieser Position können Sie Ihren Hund auch daran gewöhnen, an verschiedenen Körperpartien angefasst zu werden. Belohnen Sie ihn währenddessen ausreichend, damit er ruhig liegen bleibt. Ihre Tierärztin wird es Ihnen danken! Wenn Sie Ihre Familie beeindrucken wollen, kombinieren Sie doch das Kommando »Hände hoch« (siehe Seite 30) mit dem Kommando »Peng!«. Dies setzt allerdings einige Übungseinheiten voraus!

»Steh«

Das Kommando »Steh« bedeutet, dass der Hund ruhig und gleichmäßig auf allen vier Beinen stehen soll.

3–**4** Beginnen Sie wieder in der Sitz-Position. Sie selbst befinden sich etwa einen Schritt entfernt gegenüber der Nasenspitze Ihres Hundes etwas seitlich versetzt. Klemmen Sie ein Leckerchen zwischen Daumen und Handteller Ihrer Hand, die anderen Finger sind gestreckt und geschlossen. Führen Sie nun Ihre Hand von der Nasenspitze Ihres Vierbeiners in einer zügigen Bewegung so auf Ihre Seite, dass sich der Hund strecken und letztlich aufstehen muss, um der Bewegung zu folgen. Das Lob und die Belohnung folgen, wenn alle vier Beine gestreckt sind.

Achten Sie dabei auf Ihr Timing! Viele Hunde setzen sich schnell wieder hin. Dann ist es an Ihnen, den richtigen Moment abzupassen, in dem der Hund die Hinterbeine – auch nur ansatzweise – gestreckt hat. Führen Sie Ihren Arm zu weit, gehen manche Hunde auch zunächst einige Schritte. Versuchen Sie, dies zu vermeiden, indem Sie die Handbewegung nicht zu weit machen und den Abstand zum Hund nicht zu groß wählen.

Mein Tipp

Der sekundäre Verstärker – das Lobwort – beendet eine Übung. Wenn Sie möchten, dass eine Position für längere Zeit gehalten wird, geben Sie kommentarlos ein kleines Stück Futter nach dem anderen, bis Sie schließlich das Lobwort sagen und damit Ihrem Hund das Ende der Übung signalisieren.

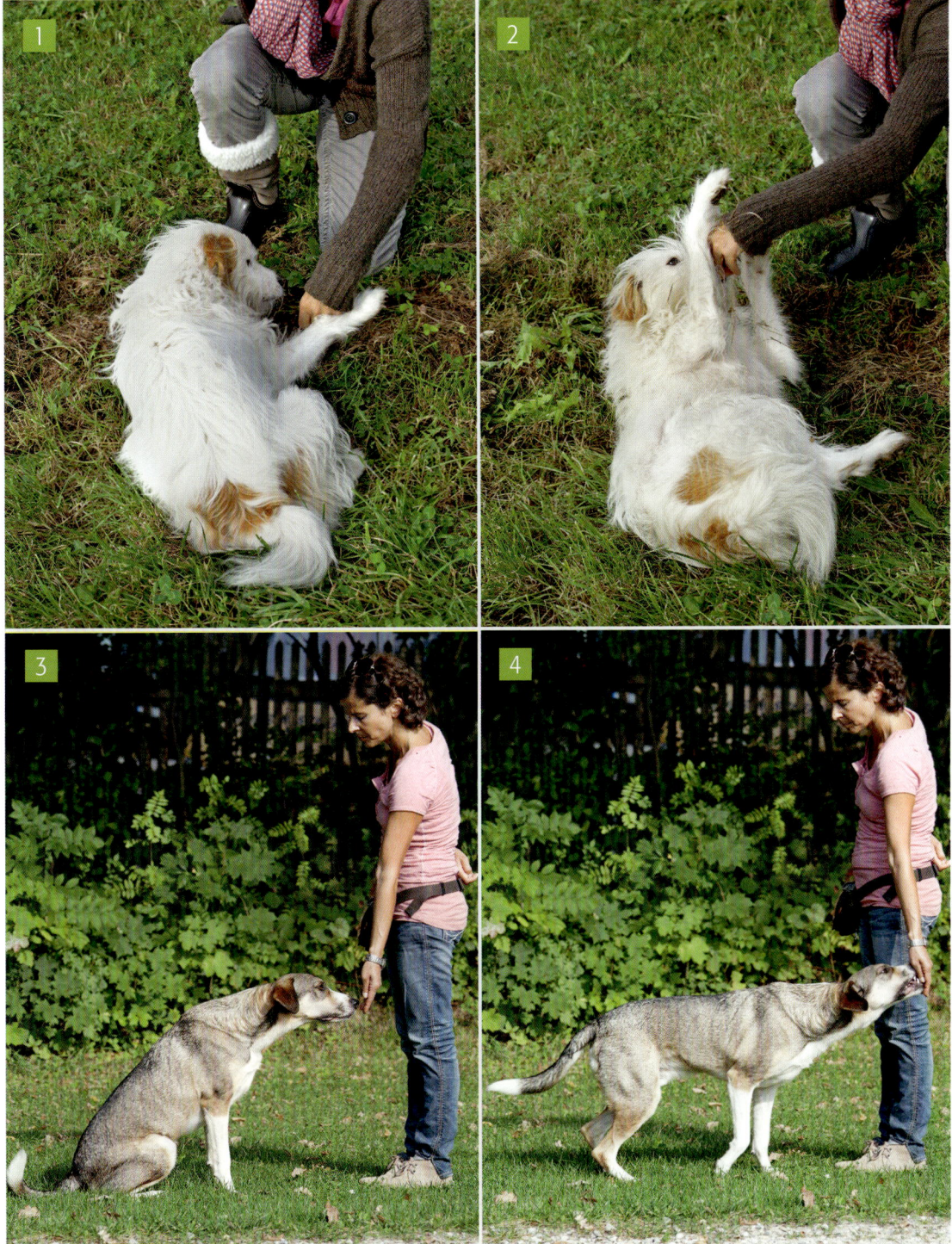

»Bleib«

Das Kommando »Bleib« soll für den Hund bedeuten, »Bleib in dieser Körperhaltung, egal was passiert«, und zwar so lange, bis der zugehörige Mensch das Kommando wieder aufgelöst hat.

Beispielhaft werden wir hier das Kommando für das »Sitz und bleib« aufbauen. Der Trainingsplan kann aber genauso verwendet werden, um mit dem Hund das »Platz und bleib«, »Steh und bleib« oder »Hände hoch und bleib« (genauso wie jede beliebige andere Körperhaltung) zu üben.

Der Übungsaufbau »Sitz und bleib«

Ihr Hund hat bereits gelernt, sich auf Kommando hinzusetzen. Nehmen Sie nun mehrere Leckerchen in eine Hand. Lassen Sie Ihren Vierbeiner vor sich absitzen und belohnen Sie ihn mit einem Leckerchen nach dem anderen, während er sitzt. Entlassen Sie ihn mit einem Freizeichen. Dieses ist ein frei wählbares Wortkommando (zum Beispiel »Und lauf« oder »Voran«), mit dem Sie den Hund auffordern, wieder aufzustehen. Helfen Sie dabei mit Ihrer Körpersprache nach, sodass der Hund wirklich versteht, dass er aufstehen darf (und soll!).

Verlängern Sie die Zeit, die Ihr Hund sitzen bleiben soll, bevor Sie ihm das Freizeichen geben. Achtung: Die Leckerchenhand sollte dabei nie leer werden, sonst lernt Ihr Vierbeiner nur, dass die Übung vorbei ist, sobald die Goodies alle sind!

Beginnen Sie nun, sich vor Ihrem sitzenden Hund zu bewegen. Trampeln Sie auf der Stelle oder heben und senken Sie die Arme. Belohnen Sie Ihren Vierbeiner fortlaufend, wobei Sie das Intervall zwischen zwei Futterbelohnungen in kleinen Schritten verlängern dürfen.

1. Klappt dies anstandslos, dürfen Sie Ihrem sitzenden Hund vor dem Beginn der Übung ein Handzeichen geben. Das Handzeichen ist im Grunde genommen überflüssig, da Ihr Hund eigentlich sowieso sitzen bleiben muss, bis Sie ihm das Freizeichen geben. Wir bauen es aber sozusagen als »Sicherheitsgurt« ein. Mit dem Handzeichen ist es zudem einfacher, das »Bleib« auf andere Körperhaltungen zu übertragen. Später dürfen Sie Ihrem Handzeichen ein entsprechendes Wortkommando voranstellen.

2. Nun dürfen Sie sich von Ihrem Vierbeiner fortbewegen. Geben Sie Ihr Handzeichen und gehen Sie einen Schritt rückwärts. Bewegen Sie sich sofort wieder auf Ihren Hund zu und belohnen Sie ihn fürs Sitzenbleiben mit einem Leckerchen. Üben Sie so wiederholt, sich einen Schritt zu entfernen, sei es seitlich oder rückwärts. Steigern Sie langsam die Anzahl der Schritte.

Sollte Ihr Hund Anstalten machen, sich zu erheben, gehen Sie auf ihn zu, heben Sie den »Sitz«-Zeigefinger und machen Sie ein »Quak«-Geräusch (ähnlich, wie wenn Sie protestierend »Aber…« sagen möchten, Ihnen das »ber« aber im Hals stecken bleibt). Achten Sie unbedingt darauf, korrekt zu belohnen, nämlich solange der Hund sitzt! Geben Sie dann erst das Freizeichen. Die ersten Schritte weg vom vierbeinigen Freund sind übrigens weitaus schwieriger als eine Steigerung der Entfernung von zwei auf 100 Schritte. Ähnliches gilt für das »Platz und bleib«. Häufig setzt sich der Hund nämlich auf, sobald wir uns aufrichten. Üben Sie das Aufrichten also besonders sorgfältig (und trainieren Sie nebenbei Ihre Beinmuskulatur!).

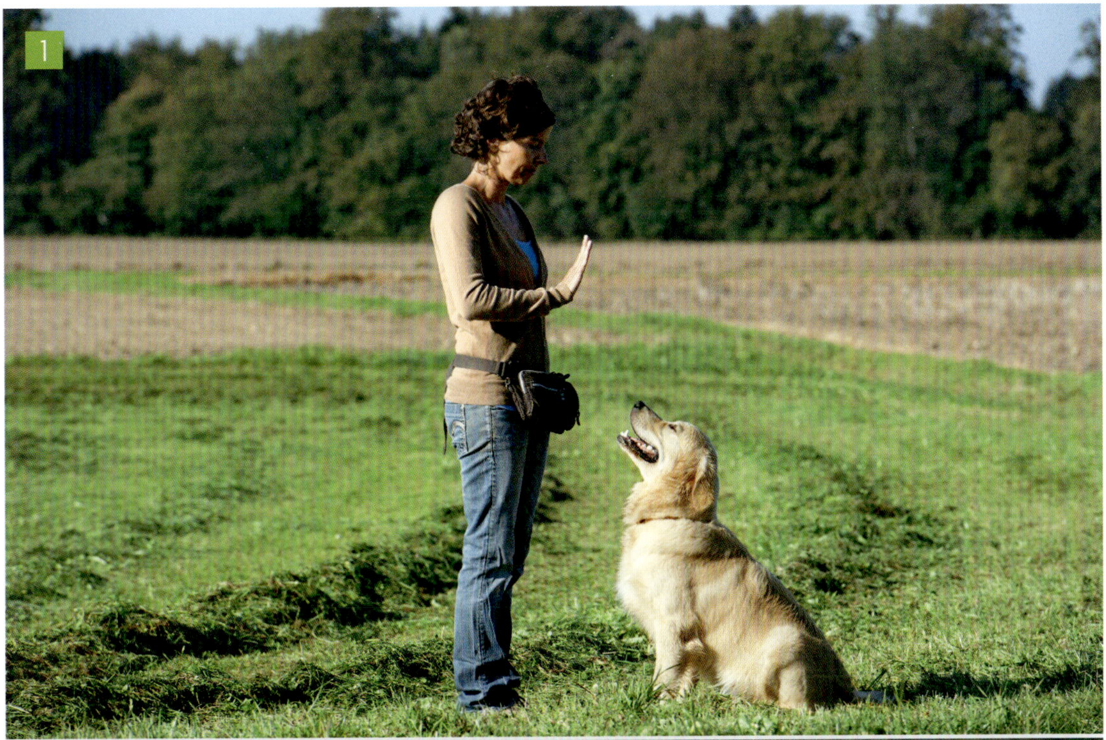
1

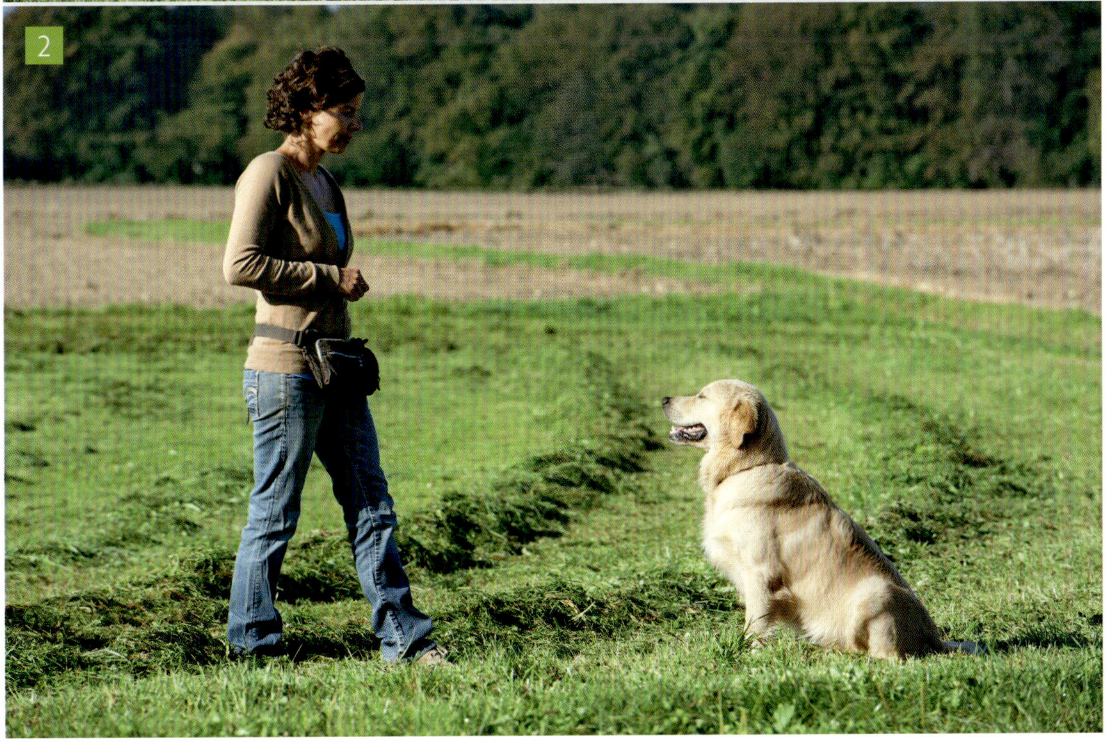
2

Erhöhter Schwierigkeitsgrad

Erhöhen Sie langsam den Schwierigkeitsgrad des Bleibens, indem Sie sich nicht nur immer weiter vom Hund wegbewegen, sondern zum Beispiel beginnen, einen Kreis um Ihren Vierbeiner zu machen. Achten Sie darauf, kleine Übungsschritte zu machen, die der Hund erfolgreich nachvollziehen kann. Gehen Sie also zunächst nur einen Viertelkreis, bevor Sie zum Hund zurückkehren und ihn belohnen. Dann können Sie den Kreis Schritt für Schritt erweitern. Am schwierigsten ist es, über den halben Kreis hinauszugehen, da ein Hund dazu neigt, dem Besitzer mit dem Blick zu folgen, und dabei meist aufsteht.

Hier eine Reihe von weiteren Anregungen, um das »Bleib« zu festigen:

Machen Sie Turnübungen, während Ihr Vierbeiner sitzt: Laufen Sie auf der Stelle, machen Sie einen Hampelmann oder ein paar Kniebeugen (Achtung: Hier tendieren die meisten Hunde dazu, aufzustehen und zu uns zu kommen!).

Verschwinden Sie außer Sichtweite, während Ihr Hund sitzt. Steigern Sie die Dauer Ihrer Abwesenheit. Machen Sie Geräusche wie Husten oder Räuspern, während Sie sich verstecken.

Lassen Sie Ihren Hund in einiger Entfernung sitzen oder liegen und machen Sie es sich auf der Wiese oder einer Bank (Bild **1** und **2**) gemütlich. Was passiert wohl, wenn Sie Ihrem Hund den Rücken zudrehen und ihn nicht beachten?

Spielen Sie mit einem Ball in der Hand und deuten Sie einen Wurf an (Bild **3**). Geben Sie zur Belohnung das Spielzeug frei!

Tun und lassen

Tun

Spielen Sie »Jo-Jo«, das heißt, kehren Sie während der Übung immer wieder zu Ihrem Hund zurück, um ihm im »Bleib« zu verstärken. Entlassen Sie Ihren Hund aus der Übung, während Sie bei ihm sind.

Würden Sie den Hund aus dem »Bleib« abrufen, bekäme er die Belohnung, wenn er aufgestanden ist. Damit würde also im Grunde genommen das Aufstehen verstärkt werden. Hat der Hund das Bleiben gut gelernt, dürfen Sie ihn natürlich auch aus der Position abrufen; zögert er zunächst, ist dies ein gutes Zeichen!

Lassen

Geben Sie Ihr Hand- und Wortsignal nur einmal. Wiederholen Sie Ihr Kommando immer wieder, kommt Ihr Hund möglicherweise auf die Idee, etwas anderes auszuprobieren, da er scheinbar nicht das Gewünschte zeigt.

Belohnen Sie Ihren Hund unbedingt, während er in der Bleib-Position ist. Wird er erst nach Beendigung der Übung gelobt und belohnt, sitzt er sozusagen »auf Kohlen«, kann das Ende fast nicht abwarten und hat die Tendenz aufzustehen. Er soll aber lernen, dass es sich lohnt, die erwünschte Körperhaltung beizubehalten.

Setzen Sie das »Bleib«-Kommando nicht unüberlegt ein. Können Sie die korrekte Einhaltung nicht überwachen und damit auch nicht eingreifen, wenn der Hund aufsteht (zum Beispiel, wenn der Hund vor dem Bäcker warten soll), verzichten Sie darauf, das Kommando zu geben.

»Schau mal«

In die Augen eines Gegenübers zu starren ist in der Hundesprache eine in hohem Maße bedrohende Geste. Trotzdem ist der Blickkontakt ein wichtiges Kommunikationsmittel zwischen Hund und Halter.

Blickkontakt auf Kommando

Der Blickkontakt auf Kommando dient dazu, die Aufmerksamkeit Ihres Hundes auch in schwierigen Situationen zuverlässig auf sich zu lenken. Gehen Sie beim Üben folgendermaßen vor:

1–2 Ziehen Sie ein Leckerchen, das Sie in der Hand halten, von der Nase des Hundes neben Ihr rechtes oder linkes Auge und geben Sie gleichzeitig einen verbalen Befehl, etwa »Schau mal«. Nimmt Ihr Hund Blickkontakt auf, sagen Sie Ihr Lobwort und geben Sie ihm die Belohnung.

Zu Anfang reicht ein sehr kurzer Blickkontakt im Sekundenbereich aus, den Sie mit Ihrem Lobwort »einfangen« müssen. Reagiert Ihr Hund zuverlässig auf das Kommando, gehen Sie dazu über, Ihre Geste ohne Leckerchen in der Hand auszuführen. Die Belohnung holen Sie dann aus der Tasche. Steigern Sie langsam die Zeitspanne, während der der Augenkontakt gehalten werden muss.

Mein Tipp

Achten Sie auf das Timing! Wenn Sie das Leckerchen gleichzeitig mit dem Lobwort geben, belohnen Sie den Hund in einem Moment, in dem er Ihnen nicht mehr in die Augen schaut.

Freiwilliger Blickkontakt

3 Lassen Sie den Hund vor Ihnen sitzen und halten Sie ein attraktives Leckerchen seitlich so neben sich, dass Ihr Hund es sehen kann. Die meisten Hunde werden das Leckerchen »hypnotisieren«, um es zu bekommen, einige werden versuchen hochzuspringen.

4 Die Lösung liegt für Ihren Hund jedoch darin, von dem Leckerchen weg in Ihre Augen zu sehen. Sie dürfen ihm bei der Lösung des Problems allerdings nicht helfen! Lassen Sie ihn rätseln und haben Sie Geduld. Irgendwann wird er hilfesuchend zu Ihnen blicken. In diesem Moment sagen Sie Ihr Lobwort und er erhält das Leckerchen.

Achtung: Zunächst darf schon ein kleines Blinzeln in Richtung Ihrer Augen gelobt und belohnt werden! Ihr Hund lernt so, dass das Anschauen des Halters in Konfliktsituationen ein Mittel ist, um ein Problem zu lösen.

Für geübte Hunde können Sie den Schwierigkeitsgrad steigern: Lassen Sie den Hund im Platz abliegen und legen Sie unmittelbar vor ihn ein Leckerchen oder ein Spielzeug, das Sie mit Ihrem Fuß bedecken bzw. fixieren. Geben Sie Ihrem Hund gleichzeitig das Freizeichen und warten Sie ab. Ihr Hund wird möglicherweise versuchen, mit der Pfote daran zu kommen, oder es mit der Schnauze probieren. Bleiben Sie wieder geduldig und reagieren Sie erst, wenn der Hund Ihnen in die Augen sieht. In diesem Moment kommt das Lobwort und Sie geben das begehrte Objekt frei.

»Bei Fuß«

Das Gehen bei Fuß ist eine Übung, die im Hundesport oft gefordert ist und auch im Alltag durchaus ihre Berechtigung hat. Beim korrekten Fuß-Gehen sollte der Hund mit der Schulter auf Höhe des Beines seines Menschen gehen und dabei stets Blickkontakt halten. Dies will gut geübt sein!

Traditionell geht der Hund »bei Fuß« auf der linken Seite. Im praktischen Leben ist es jedoch besser, wenn der Vierbeiner gelernt hat, auf beiden Seiten seines Zweibeiners in der gewünschten Haltung zu gehen. Gleichzeitig wird so eine einseitige Kopfhaltung mit daraus resultierenden Verspannungen beim Hund vermieden. Im Gegensatz zum Gehen an lockerer Leine darf der Hund beim Gehen »bei Fuß« weder schnüffeln noch markieren.

Der Übungsaufbau

Das Gehen »bei Fuß« kann aus der Grundposition (siehe S. 24) entwickelt werden. Eine andere Möglichkeit besteht darin, den Hund aus dem Vorsitzen auf die gewünschte Seite zu locken:

1—**4** Lassen Sie Ihren Vierbeiner vor Ihnen sitzen. Gehen Sie nun einige Schritte zurück und veranlassen Sie Ihren Hund, Ihrer mit Leckerchen gefüllten linken Hand zu folgen. Korrekterweise müssen Sie ihm dabei sein Freizeichen geben. Drehen Sie sich nach rechts so in die Bewegung des Hundes hinein, dass er auf Ihre linke Seite gelangt. Führen Sie Ihre Futterhand weiter bis neben Ihr linkes Auge, sodass Ihr Vierbeiner dieser mit seinem Blick folgt. Es folgen Lobwort und Belohnung.

Erweitern Sie die Anzahl der Schritte, die Sie gehen, bevor Sie loben und Ihre Belohnung freigeben. Der Hund muss den Blickkontakt die ganze Zeit halten; unterbricht er ihn, wird die Übung abgebrochen und von Neuem gestartet. Arbeiten Sie stets in einem Bereich, in dem der Hund erfolgreich sein kann, und vermindern Sie gegebenenfalls Ihre Ansprüche.

Jetzt dürfen Sie vor Ihr Handzeichen ein Wortkommando setzen. Sie müssen sich dabei für jede Seite ein eigenes aussuchen (zum Beispiel »Hand« und »Fuß« oder »Rechts« und »Links«).

Nun sollten Sie natürlich Ihre Hilfen – das heißt die Leckerchen in der Hand sowie die Handbewegung selbst – in kleinen Schritten abbauen: Machen Sie zunächst wie gewohnt die Bewegung mit der Futterhand, in der sich jedoch keine Leckerchen mehr befinden, und belohnen Sie aus der anderen Hand. Reduzieren Sie Ihre Handbewegung dann in kleinen Schritten, indem Sie die Hand nicht mehr ganz bis auf Augenhöhe führen. Wenn es nicht klappt, können Sie Ihrem Vierbeiner mit dem Befehl »Schau mal« auf die Sprünge helfen.

Mein Tipp

Manchen Hunden ist es zunächst unangenehm, sehr dicht an der Seite ihres Menschen zu gehen. Verringern Sie in diesem Fall die Distanz zwischen Hundeschulter und Menschenbein in kleinen Schritten mit viel Lob und Leckerchen!

Bauen Sie doch mal das Kommando »Dreh dich« (Seite 24) in eine Fußübung ein!

Die Grundposition

Wenn wir mit dem Hund das Sitzen üben, soll er im Allgemeinen vor uns sitzen. Manchmal ist es jedoch auch von Vorteil, wenn er rechts oder links neben uns sitzt, zum Beispiel, wenn wir jemanden begrüßen wollen. Die seitliche Sitz-Position wird auch im Hundesport oder bei Begleithundeprüfungen vorausgesetzt.

Der Übungsaufbau

Beginnen Sie die Übung damit, dass Sie Ihren Hund vorsitzen lassen.

1 Geben Sie Ihrem Hund nun das Freizeichen – also die Erlaubnis zum Aufstehen – und halten Sie ein Leckerchen mit der rechten Hand schräg hinter Ihren Rücken. Machen Sie dabei mit dem rechten Fuß einen Ausfallschritt nach hinten (Position 1). Hat der Hund die Hand erreicht, loben Sie ihn und geben Sie das Leckerchen frei.

2 Führen Sie Ihre Hand nun so auf Ihre rechte Seite, dass der Hund in einem Bogen über rechts auf diese gelangt (Position 2). Loben und belohnen Sie Ihren Vierbeiner.

Wiederholen Sie diese beiden Schritte einige Male. Achten Sie darauf, dass Ihr Hund dicht an Ihrer Seite steht. Er sollte mit seinem Rumpf Ihr Bein berühren. Dies ist manchen Hunden nicht »geheuer«, also sparen Sie nicht an Futter, um eine positive Assoziation herzustellen!

So erweitern Sie den Übungsablauf:

3 Lassen Sie Ihren Vierbeiner absitzen, wenn er den Bogen vollzogen hat (Position 3). Führen Sie dazu das Leckerchen an Ihrem Bein nach oben. Folgt er diesem mit den Augen, wird er sich in

den meisten Fällen hinsetzen (ansonsten helfen Sie mit dem erhobenen Zeigefinger, dem Handzeichen für die Sitz-Position, nach). Üben Sie auch diese Abfolge mehrmals.

Beenden Sie die Übung damit, dass Sie das Leckerchen neben Ihr rechtes Auge halten. Der Hund soll damit lernen, Blickkontakt zu Ihnen aufzunehmen, wenn er in der Grundposition sitzt (Position 4).

Hilfen abbauen

Zu Beginn loben und belohnen Sie den Hund in Position 1, 2, 3 und 4. Das heißt, Sie sagen jeweils Ihr Lobwort und geben unmittelbar darauf die Belohnung frei. Dies bedeutet, dass Sie mehrere Leckerchen in der Hand halten müssen! Gehen Sie nun dazu über, die Anzahl der Leckerchen zu reduzieren, indem Sie an Position 1 loben, die Belohnung aber erst an Position 2 freigeben. Gleichermaßen können Sie dann an Position 3 Ihr Lobwort sagen, das dazugehörige Leckerchen aber erst freigeben, wenn der Hund Blickkontakt aufgenommen hat (Position 4). Variieren Sie, indem Sie erst an Position 2 loben und die Belohnung an Position 3 freigeben.

Üben Sie das Einnehmen der Grundposition schließlich ohne Ausfallsschritt. Gehen Sie dabei nochmals zur »Bestechung« über und machen Sie eine deutliche Handbewegung.

Lassen Sie Ihren Hund nach dem Absitzen den Blickkontakt aufnehmen, ohne dass Sie dabei mit Handzeichen nachhelfen. In einem Zwischenschritt können Sie das Handzeichen dazu mit der anderen Hand geben.

Der Abruf

Ein gut funktionierender Abruf ist mit das Wichtigste im Alltag eines Hundebesitzers. Ziel soll sein, dass unser Hund auf das gegebene Kommando auf dem schnellsten Wege, gerade und ohne Unterbrechung zu uns flitzt. Dieses Verhalten entspricht leider so gar nicht dem, was in der Hundewelt »höflich« ist. Hier nähert man sich nämlich – wenn man es gut meint – langsam, man geht im Bogen und zeigt unter Umständen durch intensives Beschnüffeln eines Grashalms an, dass man beste Absichten hat. Unser Hund muss also gezielt lernen, dass wir Menschen etwas ganz anderes von ihm wollen. Arbeiten Sie deshalb mit Spaß und Freude am Abruf, um Ihrem Vierbeiner das Lernen zu erleichtern!

Der Übungsaufbau

Wählen Sie zunächst ein eindeutiges Kommando, zum Beispiel »xxx, komm«. Der Name allein reicht nicht, da der Hund diesen häufig hört, ohne dass er mit einem Kommando verbunden ist.

1 Üben Sie den Abruf mit einem Helfer: Entfernen Sie sich (zunächst nur ein bis zwei Meter, später mehr), während der Helfer Ihren Hund am Halsband festhält. Machen Sie sich beim Weggehen interessant, beispielsweise durch ein Spielzeug oder ein Leckerchen!

Rufen Sie laut und deutlich und nur einmal das Abrufkommando. Der Helfer lässt in diesem Moment den Hund los. Feuern Sie Ihren Hund an, wenn er auf dem Weg zu Ihnen ist! Empfangen Sie ihn freudig und nehmen Sie dabei eine für den Hund angenehme Körperhaltung ein: Gehen Sie in die Hocke und drehen Sie sich zur Seite.

2 Loben Sie Ihren Hund überschwänglich, wenn er bei Ihnen angekommen ist, und greifen Sie dabei kurz zum Halsband. Hunde lernen sonst sehr schnell, dass der Griff zum Halsband das Anleinen bedeutet, und weichen diesem später aus. Geben Sie Ihrem Hund eine Belohnung und lassen Sie ihn dann wieder laufen.

Wie immer können Sie Ihren Hund mit Futter belohnen; auch ein tolles Spielzeug wird von manchen Hunden gerne genommen. Schneller bekommen Sie Ihren vierbeinigen Freund zu sich, wenn Sie beispielsweise zur Belohnung einen Ball in Laufrichtung werfen oder selbst schnell vor ihm davonflitzen (siehe Bild **3**). Das Davonlaufen ist übrigens auch eine sehr sinnvolle Sache, wenn sich Ihr Hund beim Abruf noch unentschlossen gibt!

Mein Tipp

Setzen Sie in der Übungsphase den Abruf nur ein, wenn Sie 50 Euro darauf verwetten würden, dass Ihr Hund auch zu Ihnen kommt!

Kommt Ihr Hund nicht zu Ihnen, wenn Sie ihn rufen, kann es sein, dass ihm irgendetwas fehlt, das für ihn zum Kommando gehört. Vielleicht sind Sie ja sonst beim Abruf immer in die Hocke gegangen, haben in die Hände geklatscht oder Ähnliches.

Die Pfeife

Wenn Sie den Abruf mit der Pfeife aufbauen, hat dies den Vorteil, dass der Ruf von verschiedenen Personen für den Hund gleichermaßen verständlich ist und zudem gut und weithin hörbar eingesetzt werden kann. Stellen Sie zunächst für Ihren Hund eine angenehme Assoziation mit dem Pfiff her: Pfeifen Sie, wenn Sie ihm die Futterschüssel hinstellen. Wenn das Geräusch der Pfeife klassisch konditioniert ist, Ihrem Vierbeiner also »ein gutes Gefühl« gibt, pfeifen Sie, wenn er weiter entfernt ist, kurz bevor er das Futter bekommt. Machen Sie dann mit der Pfeife die auf Seite 46 beschriebenen Übungen.

Tun und Lassen

Tun

Üben Sie mit Spaß! Variieren Sie den Ort und steigern Sie langsam den Grad der Ablenkung.
Gehen Sie öfter in unbekannter Umgebung spazieren. Ihr Hund muss sich dann stärker an Ihnen orientieren als auf der gewohnten Runde.

Mein Tipp

Wer so freudig heransaust (Bild **1**), sollte auch »hundefreundlich« empfangen werden (Bild **2**). Die Körperhaltung und der fixierende Blick auf Bild **3** wirken für Hunde bedrohlich!

Wechseln Sie beim Spaziergang häufiger unangekündigt und kommentarlos die Richtung. Dies erhöht die Aufmerksamkeit Ihres Hundes ungemein! Hat Ihr Hund den Richtungswechsel bemerkt und kommt, rufen Sie ihn ab und empfangen ihn freudig.

Spielen Sie Verstecken. Auch dies erhöht die Aufmerksamkeit Ihres Hundes: Verstecken Sie sich in einem Moment, in dem der Hund nicht auf Sie achtet. Beobachten Sie ihn und lassen Sie ihn eine kurze Zeit suchen. Rufen Sie dann und treten Sie aus dem Versteck. Vorsicht: Machen Sie diese Übung nicht mit zu jungen Hunden oder Hunden, die mit dem Alleinsein Probleme haben.

Lassen

Rufen Sie den Hund nicht aus einer schwierigen Situation, zum Beispiel dem Spiel mit dem besten Kumpel, ab. Ihr Kommando geht sozusagen zu einem Ohr rein und zum anderen wieder raus. Damit erreichen Sie genau das Gegenteil von dem, was Sie eigentlich wollen: Ihr Kommando verliert an Bedeutung.

Vermeiden Sie zu häufiges Abrufen. Es soll spannend und lustig bleiben! Machen Sie es sich zur Regel, Ihren Hund pro Tag nicht öfter als dreimal abzurufen. Nutzen Sie auch andere Möglichkeiten, Ihren Hund wieder zu sich zu holen (siehe S. 58).
Rufen Sie den Hund nicht nur ab, wenn er danach angeleint werden soll. Der Abruf soll nicht gleichbedeutend mit dem Ende des Vergnügens sein!

Unterlassen Sie das Schimpfen, wenn der Hund »zu spät« kommt. Geht er langsam oder im Bogen, kann es sein, dass er versucht zu beschwichtigen, da er merkt, dass Sie verärgert sind. Schimpfen Sie in einer solchen Situation, wird der Hund letztlich fürs Kommen bestraft, Vertrauen wird zerstört.
Lassen Sie den Hund nach dem Herankommen nicht absitzen, bevor er seine Belohnung erhält, denn dann wird er fürs Sitzen, nicht aber fürs schnelle Herkommen belohnt. Das Herkommen mit Vorsitz muss gesondert aufgebaut werden.

Für Notfälle

Was tun, wenn der Hund in die Richtung einer Straße läuft und der Abruf nicht funktioniert? Für solche Situationen ist es wichtig, zusätzlich Kommandos oder Signale parat zu haben, die den Hund zuverlässig aus der Gefahrenzone herausbringen.

»Kehrt«

Ziel dieses Kommandos ist es, dem Hund ein schnelles Umkehren beizubringen.

1. Gehen Sie mit Ihrem Hund an der Leine, sodass er nicht zu weit von Ihnen entfernt ist.
2. Machen Sie ihn dann mit seinem Namen auf Sie aufmerksam und warten Sie ab, bis er sie anschaut.
3. Nun sagen Sie laut und deutlich »Kehrt!« und rennen in die entgegengesetzte Richtung los.

Aber aufgepasst: Die Leine muss bei dieser Übung immer locker bleiben! Den Hunden ist im Allgemeinen das schnelle Rennen mit Frauchen oder Herrchen schon Belohnung genug!
Üben Sie das Kommando auch ohne Leine. Wenn der Befehl »sitzt«, können Sie eine »Verleitung« einbauen, indem zum Beispiel ein Mensch mit etwas Leckerem in der Hand Ihren Hund zum Bleiben verleitet. Sagen Sie nun Ihr »xxx, kehrt!«. Wichtig ist, dass Ihr Helfer seine Hand geschlossen lässt, sodass Ihr Hund die Möglichkeit hat, richtig auf Ihr Kommando zu reagieren. Blickt Ihr Vierbeiner zu Ihnen, flitzen Sie wieder gemeinsam mit ihm los.

Das Superwort

Das Superwort ist ein Signal, um einen Hund auch aus einer sehr schwierigen Situation – beispielsweise ein plötzlich aus dem Feld aufspringender Hase – zuverlässig zu sich zu holen. Damit ein Superwort auch »super« funktioniert, muss es sorgfältig aufgebaut und überlegt eingesetzt werden. Ihr Superwort ist kein Notfallsignal mehr, wenn Sie es auf jedem Spaziergang einsetzen müssen.

Überlegen Sie zunächst, was Ihrem Hund besonders wichtig ist, zum Beispiel sein »Quietschie« oder besondere Leckereien. Ab sofort gibt es diese Besonderheit nur noch in Verbindung mit dem »Superwort«. Wählen Sie als Signal ein Wort oder Geräusch aus, das im Alltag nicht verwendet wird. Rufen Sie beispielsweise ein melodiöses, lautes »Hallihallo« und werfen Sie gleichzeitig eine Handvoll kleingeschnittener Wiener auf den Boden, die Ihr Hund dann aufspüren und fressen darf, oder geben Sie ihm sein Lieblingsquietschie und beginnen Sie ein tolles Spiel mit ihm. Wienerle oder Quietschies gibt es ansonsten ab sofort nicht mehr!

Wiederholen Sie die Superwort-Übung im Abstand von wenigen Tagen immer wieder, während sich Ihr Hund in unmittelbarer Nähe befindet und nicht abgelenkt ist. Wenn Sie das Gefühl haben, dass Ihr Hund eine Assoziation hergestellt hat, können Sie die Anzahl der Übungstage pro Woche verringern und das Superwort auch mal einsetzen, wenn sich der Hund etwas weiter entfernt hat. Kommt Ihr Hund jedes Mal voller Vorfreude auf das Signal hin zu Ihnen, haben Sie Ihr Superwort erfolgreich etabliert! Wichtig ist nun, es zwar nur sehr selten, dennoch aber immer wieder anzuwenden, sodass die Verknüpfung erhalten sowie die hohe Motivation des Hundes bestehen bleibt!

Unerwünschtes Verhalten, Verhaltensabbruchsignale

Hunde zeigen oftmals Verhaltensweisen, die für einen Vierbeiner zwar völlig »normal«, von uns Zweibeinern jedoch unerwünscht sind.

1—3 Sie verbellen den Postboten, klauen Essen vom Tisch, fressen Unrat, zerkauen unsere Lieblingsschuhe, buddeln im Garten oder wälzen sich genüsslich im Dreck.

Ein wichtiger Pfeiler in der Hundeerziehung ist das korrekte Ignorieren einer vom Hund gezeigten Handlung. In bestimmten Situationen ist das Ignorieren einer Handlung jedoch nicht hilfreich. Klaut Ihr Vierbeiner beispielsweise das Essen vom Tisch, lohnt sich dieses Verhalten für ihn ja schon ganz ohne Ihr Zutun. Der Postbote verschwindet wieder, nachdem Ihr Vierbeiner ihn verbellt hat? Ihr Hund fühlt sich selbstverständlich bestätigt, hat er ihn doch erfolgreich verjagt. Das Fressen von Unrat ist selbstbelohnend. Gleiches gilt für das Wälzen in Gülle oder auf Aas, da es dem Vierbeiner einen für die Hundenase angenehmen Duft gibt (ob er damit die gefundene Beute markieren möchte oder den Geruch annimmt, um dem Rudel den tollen Fund anzuzeigen, ist übrigens noch nicht geklärt!).

Was also tun? Oftmals ist die Lösung einfach. Beim Klauen vom Tisch beispielsweise macht die Gelegenheit den Dieb: Lassen Sie einfach nichts unbeaufsichtigt auf dem Tisch stehen! Ihr Hund verbellt am Gartenzaun Passanten? Lassen Sie ihn nicht unbeaufsichtigt im Garten, arbeiten Sie mit einer dünnen Leine und bringen Sie Ihren bellenden Vierbeiner

kommentarlos ins Haus, sobald er das unerwünschte Verhalten zeigt. Ein Schuhschrank ist eine gute Möglichkeit, um Schuhe vor Zerstörung zu bewahren (wer einen Hund hat, lernt das Aufräumen!).

Es ist zudem immer sinnvoll, dem Hund ein Alternativverhalten anzubieten, das mit dem unerwünschten Verhalten nicht vereinbar ist. Verstreuen Sie eine Handvoll Futter auf dem Rasen, wenn sich der Postbote nähert, und lassen Sie Ihren Hund diese suchen (noch bevor! er zu bellen beginnt). Bieten Sie Ihrem Hund ausreichend Gelegenheit, seinen Kautrieb zu befriedigen, rangieren Sie dazu jedoch nicht einen alten Schuh aus, Hunde können nicht unterscheiden!

Ertappen Sie Ihren Hund in einer der oben beschriebenen Situationen »in flagranti«, dürfen Sie ihn ruhig mit einem Klatschen in die Hände, gegebenenfalls begleitet von einem lauten »Hei«, unterbrechen. Besser noch, Sie setzen eines der auf der nächsten Seite beschriebenen (gut trainierten!) Verhaltensabbruchsignale ein. Vergessen Sie nicht, dass sich Verhalten am besten im Ansatz unterbrechen lässt.

Bestimmte Situationen gilt es gezielt und kontrolliert zu üben. Ihr Hund frisst Exkremente? Zunächst einmal ist es wichtig zu wissen, dass es sich auch hierbei um Normalverhalten handelt, das nebenbei einer der Gründe war, wieso Mensch und Hund sich vergesellschaftet haben. Trotzdem ist es verständlich, dass ein solches Verhalten heutzutage für uns Menschen nicht mehr akzeptabel ist. Üben Sie mit Ihrem Vierbeiner also, Unrat sozusagen links liegen

zu lassen, indem Sie ein Verhaltensabbruchssignal auftrainieren.

In der Nähe von Reiterhöfen finden Sie sicherlich Pferdeäpfel, die gut und weithin sichtbar auf Wegen liegen. Hier können Sie gezielt üben. Gehen Sie mit Ihrem angeleinten Hund spazieren. Lassen Sie ihn in die Nähe der Pferdeäpfel, jedoch nur so weit, dass er sie nicht mit dem Maul erreichen kann. Sagen Sie nun Ihr Verhaltensabbruchsignal. Wendet Ihr Hund sich Ihnen zu, loben Sie ihn überschwänglich. Nun gilt es, die Übung mehrfach und an mehreren Stellen zu wiederholen.

Verhaltensabbruchsignal »Nein«

1 – 2 Bieten Sie Ihrem Hund zunächst einige Leckerchen nacheinander aus der Hand an und sagen Sie dazu jedes Mal »Nimm«. Zeigen Sie ihm dann ein Leckerchen auf der flachen Hand, sagen Sie dabei deutlich (und nur einmal!) »Nein« und enthalten Sie ihm dieses Leckerchen vor. Aber Vorsicht: Der Hund darf dieses auf keinen Fall erwischen!

Beginnen Sie von vorn, variieren Sie aber die Anzahl der Leckerchen, die genommen werden dürfen, bevor das »Nein« kommt. Sagen Sie das »Nein« in einem Tonfall, den Sie auch im »Ernstfall« haben würden. Beenden Sie die Übung immer positiv (»Nimm«). Der Hund lernt, dass es sich nicht lohnt, ein Verhalten fortzusetzen, wenn er das Wort »Nein« hört. Eine ausreichende Assoziation ist hergestellt, wenn Ihr Vierbeiner dem Leckerchen fernbleibt oder sich zurückzieht, sobald er das »Nein« vernimmt.

Verhaltensabbruchsignal »Off«

Erarbeiten Sie mit Ihrem Vierbeiner ein weiteres Signal, um unerwünschtes Verhalten zuverlässig zu unterbrechen. Gehen Sie dabei wie folgt vor:

3 – 4 Nehmen Sie in jede Hand mehrere Leckerchen. Füttern Sie aus der einen Hand einige Goodies. Sagen Sie dann deutlich Ihr neues Abbruchsignal »Off« und lassen Sie die Hand geschlossen. Wenn sich Ihr Hund von der einen Hand ab- und der anderen Hand – die sich zunächst in unmittelbarer Nähe befindet – zuwendet, loben Sie ihn und belohnen Sie ihn sofort mit einigen Leckerchen aus der »neuen« Hand. Die Distanz der Hände kann dann schrittweise erhöht werden.

In einem weiteren Schritt arbeiten Sie mit einer Hilfsperson, die den Hund aus einer Hand füttert. Auf Ihr »Off« hin lässt die Hilfsperson die Hand verschlossen. So gibt sie dem Hund die Möglichkeit, richtig zu reagieren. Wenn sich Ihr Hund Ihnen zuwendet, hat er sich natürlich eine Belohnung verdient!
Statt der Belohnungsleckereien kann auf das »Off« hin auch ein tolles Spiel beginnen. Im Gegensatz zum »Nein«, mit dem der Hund ein Gefühl der Frustration verknüpft, geben Sie ihm mit dem Signal »Off« die Möglichkeit, durch eine Änderung des Verhaltens eine Belohnung zu erlangen; er lernt also, dass sich der Verhaltensabbruch lohnt!

Mein Tipp

Beachten Sie, dass Hunde schnell Handlungsketten entwickeln. Wenn Sie das Bellen im Garten immer mit einem »Off« unterbrechen, wird der Hund vermutlich lernen, dass sich für ihn das Bellen lohnt!

Auf dem Spaziergang

Gibt es etwas Schöneres als einen Spaziergang mit dem eigenen Hund? Doch während wir Menschen beim Spazierengehen entspannen wollen, bedeutet es für Hunde »endlich Action«. Um Probleme zu vermeiden, ist es wichtig, sich während des Spaziergangs mit dem Hund zu beschäftigen. Sonst wird sich Ihr Vierbeiner – während Sie telefonieren – womöglich eigene Aufgaben suchen!

Kleine, aber wirksame Hilfen

Mit ein paar einfachen Übungen lernt Ihr Hund, während des Spaziergangs aufmerksam zu sein und in Ihrer Nähe zu bleiben.

Stehen bleiben

1 Bleiben Sie auf dem Spaziergang hin und wieder einfach mal stehen. Ihr Hund wird sich, da er Ihre Schritte nicht mehr hört, mit hoher Wahrscheinlichkeit nach Ihnen umsehen. In diesem Moment dürfen Sie auf sich aufmerksam machen, indem Sie beispielsweise mit der Hand wedeln (Erinnern Sie sich? Hunde sehen Bewegung!). Läuft der Hund daraufhin auf Sie zu, freuen Sie sich und feuern ihn an. Wenn er bei Ihnen ist, bekommt er natürlich ein Lob und eine Belohnung.

So gewöhnen Sie Ihrem Hund an, wie selbstverständlich zu Ihnen zu kommen, wenn Sie gerade Ihre Schuhe binden oder eine Hinterlassenschaft Ihres Vierbeiners aufheben müssen. Übrigens sollte es sich für Ihren Hund natürlich auch lohnen, wenn er während des Spaziergangs von sich aus zu Ihnen Kontakt aufnimmt, auch wenn Sie nicht stehen bleiben!

Aufmerksamkeitsspaziergang

Mit dieser Übung wird noch einmal am freiwilligen Blickkontakt gearbeitet (siehe auch »Schau mal«); gleichzeitig soll auch Ihr Blick geschärft werden. Häufig nimmt der Hund nämlich während eines Spaziergangs Blickkontakt zum Halter auf, ohne dass dieser es bemerkt. Es sind jedoch wertvolle Momente, in denen Sie den Hund beispielsweise zu sich rufen könnten, bevor er etwas – möglicherweise Unerwünschtes – tut.

2 – 3 Gehen Sie mit Ihrem Hund eine kurze Runde (etwa 10–15 Minuten) spazieren. Die einzige Aufgabe Ihres Hundes besteht darin, freiwilligen Blickkontakt zu Ihnen aufzunehmen. Ihre Aufgabe ist es, Ihren Hund so zu beobachten, dass Sie ihn jedes Mal, wenn er dies tut, loben und belohnen.

Es kann natürlich sein, dass der Hund zunächst nicht daran denkt, Sie anzusehen, da es um ihn herum viel Spannendes zu sehen und zu erschnüffeln gibt. Gehen Sie dann einfach dieselbe Runde mehrmals hintereinander; spätestens nach der dritten Runde wird er Sie fragend ansehen und schon bekommt er sein Lob und seine Belohnung. Andererseits gibt es auch Hunde, die sehr schnell verstehen, welches Verhalten sich lohnt. Dann ist es wichtig, die Runde wirklich nur kurz zu machen, da es für den Hund anstrengend ist, die ganze Zeit Blickkontakt zu halten.

Wegtreue

Ähnlich wie am freiwilligen Blickkontakt können Sie während eines Spaziergangs auch an der »Wegtreue« arbeiten. Hunde wissen nicht, dass es aus menschlicher Sicht »richtig« ist, auf einem Weg zu bleiben. Vielmehr lieben sie es, rechts und links durchs Gebüsch zu stöbern. Statt nun Ihren Hund immer wieder zu sich zu rufen, loben und belohnen Sie ihn, während er auf dem Weg ist. Machen Sie es zunächst einfach: Wenn Ihr Hund drei Sekunden (21, 22, 23) auf dem Weg bleibt, loben Sie ihn und er darf sich seine Belohnung abholen. Hat dies mehrfach geklappt, erhöhen Sie in kleinen Schritten die Zeit, die er auf dem Weg bleiben muss, bevor Sie das Lobwort sagen. So lernt Ihr Hund ganz nebenbei, dass es sich für ihn lohnt, auf dem Weg zu bleiben.

Begegnungen mit anderen Hunden

Eine wichtige Voraussetzung für einen entspannten Spaziergang mit Ihrem Vierbeiner ist es, dass Begegnungen mit Artgenossen friedlich verlaufen. Zu Ihrer Beruhigung: Dies ist auch in den meisten Fällen so. Wenn Sie zusätzlich noch einige Punkte beachten, kann eigentlich nichts mehr schiefgehen.

1 Schön ist, wenn Ihr Hund von Welpenbeinen an trainiert hat, mit Artgenossen zu kommunizieren. Dies erreichen Sie durch den Besuch einer geeigneten Welpenspielstunde. Hier lernt er Hunde kennen, die möglicherweise ganz anders aussehen als er, und übt, auch diese Artgenossen zu verstehen. Es ist nämlich gar nicht so leicht zu begreifen, dass so ein Mops (oder Boxer oder …) mit Falten auf der Nase es überhaupt nicht böse meint!

Mein Tipp

An einer Welpenspielstunde sollten pro Trainer nicht mehr als 6 Welpen teilnehmen. Die Hunde sollten nicht nur »spielen« dürfen, sondern auch verschiedenste belebte und unbelebte Dinge und Geräusche kennenlernen. »Rowdies« werden sanft unterbrochen. Spielpausen werden genutzt, um theoretische Kenntnisse zu vermitteln. Erste Schritte in der Hundeerziehung werden mit positiver Verstärkung gemacht.

Auch Ihr älterer Vierbeiner sollte ausreichend Kontakt zu Artgenossen haben. Bedenken Sie jedoch, dass Begegnungen mit anderen Hunden unter Umständen auch Stress bedeuten können. In der Hundewelt ist es nämlich nicht unbedingt üblich, ständig auf fremde Artgenossen zu treffen. Andererseits entwickeln sich manchmal auch richtig Freundschaften unter Hunden. Wenn sich die Vierbeiner gut kennen, können sie nach Herzenslust und Hundeart miteinander toben. Achtung: Zwei Hunde sind bereits eine Meute. Ähnlich Kindern verhalten sich Hunde plötzlich ganz anders, wenn sie in einer Gruppe unterwegs sind. So kann es sein, dass Ihr schüchterner Hund in der Gemeinschaft mit seinem besten Kumpel plötzlich seine Jagdleidenschaft entdeckt.

Wichtig ist, dass Sie vorausschauend spazieren gehen.

2 Kommt Ihnen ein anderer Hund angeleint entgegen, sollte das für Sie ein Signal sein, Ihren Vierbeiner ebenfalls an die Leine zu nehmen. Sie kennen ja den Grund nicht, aus welchem der andere an der Leine ist. Vielleicht hat er ein Problem mit anderen Hunden? Vielleicht ist er frisch operiert und darf nicht toben? Um eine Begegnung möglichst unkompliziert zu gestalten, wählen Sie dabei für die Hunde die größtmögliche Distanz und lassen Sie Ihren Vierbeiner auf der dem anderen Hund abgewandten Seite bei Fuß gehen. Verstärken Sie erwünschtes Verhalten entsprechend.

Wenn Sie das Kapitel über Kommunikation gut gelesen haben, können Sie einen entgegenkommenden Vierbeiner einschätzen. Wendet er wiederholt den Kopf ab und schleckt sich über die Lippen oder schnüffelt er gar »uninteressiert« am Boden? Richtig: Er »beschwichtigt« und zeigt damit an, dass er sozial

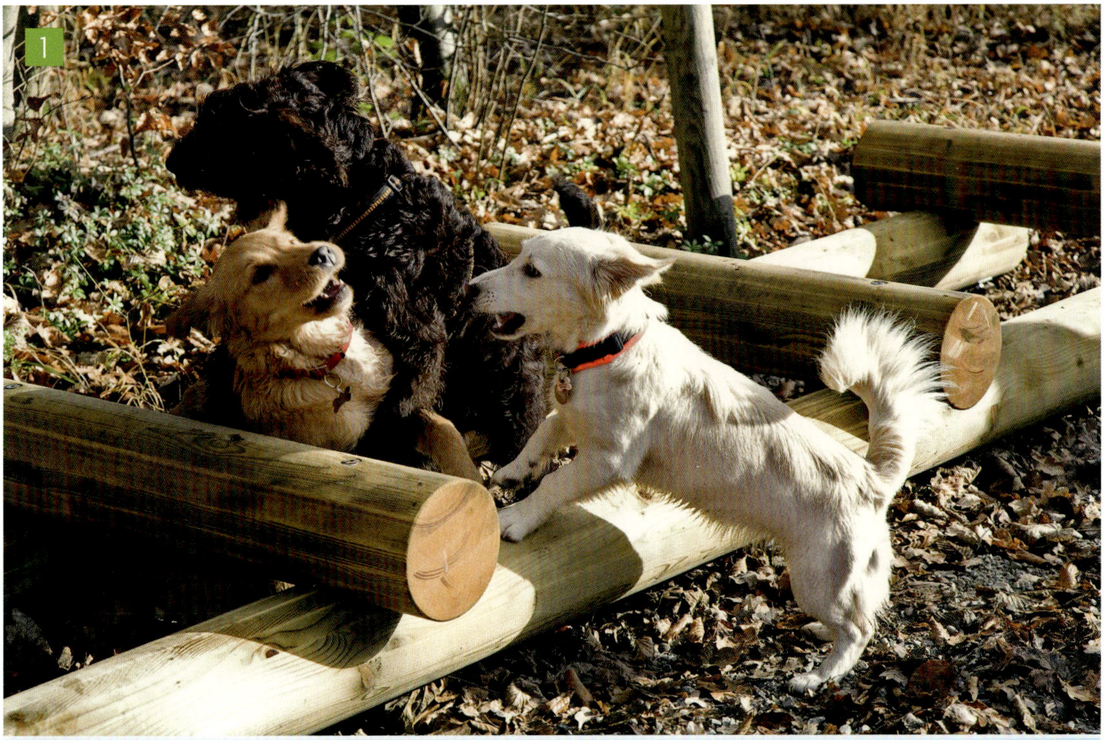
1

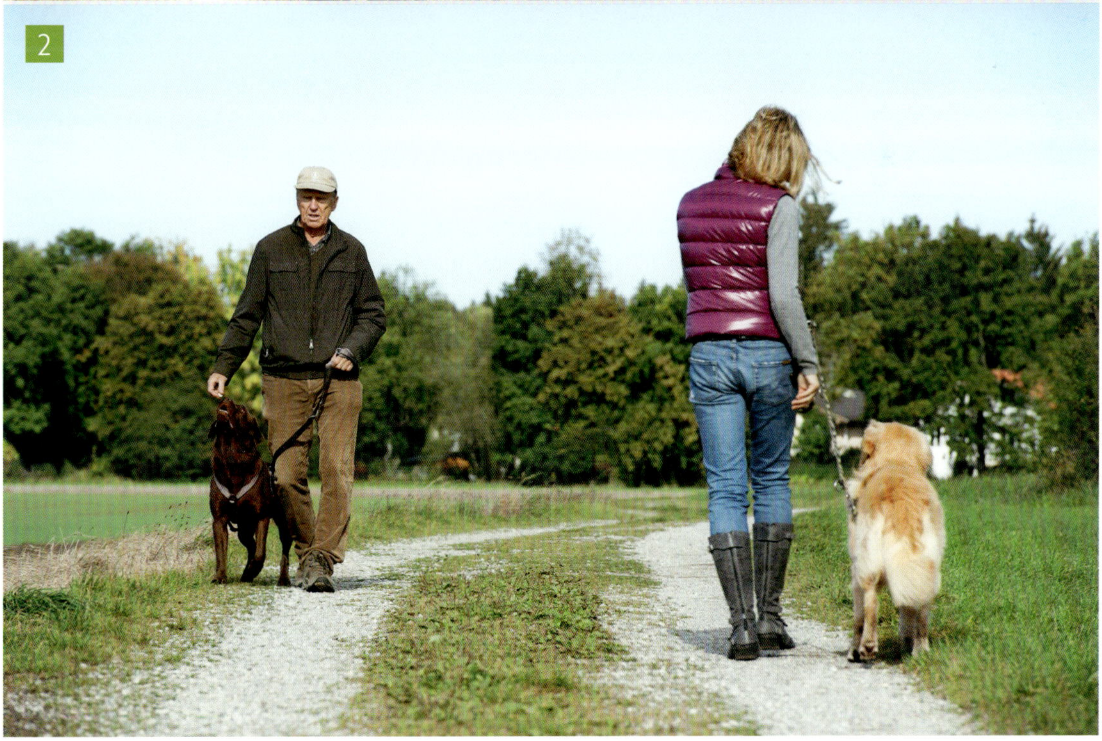
2

kompetent ist und gute Absichten hat. Andere Hunde machen sich ganz klein, um zu beschwichtigen und Konflikte zu vermeiden.

Lassen Sie sich aber nicht täuschen! Es gibt auch Hunde, die sich flach auf den Bauch legen und den entgegenkommenden Vierbeiner fixieren, um dann plötzlich auf ihn loszustürmen. Dieses Verhalten ist in hohem Maße unfreundlich – bedeutet allerdings noch nicht, dass etwas passieren wird! Sollte Ihr Hund so agieren, sollten Sie dies unterbinden. Arbeiten Sie beispielsweise daran, dass Ihr Vierbeiner zu Ihnen Blickkontakt aufnimmt und diesen hält, bis Sie ihm erlauben, den Kontakt zum Gegenüber aufzunehmen.

1–**2** Nach der mehr oder weniger freundlichen Annäherung folgt bei einer typischen Hundebegegnung die Gesichtskontrolle gefolgt vom ausgiebigen Beschnüffeln des Hinterteils – der sogenannten Ano-Genital-Kontrolle. Die Geruchsinformationen sind komplex und geben Ihrem Vierbeiner Auskunft über Geschlecht, Fortpflanzungsstatus, »Laune« usw.

Danach ist eine Begegnung eigentlich erschöpft, und so heißt die wichtigste Strategie, wenn Sie Probleme vermeiden wollen, »weitergehen« – oder wollen Sie sich mit jedem Menschen unterhalten, den Sie im Wald treffen? Oftmals entstehen unangenehme Situationen nämlich erst, wenn fremde Hunde gezwungen sind, sich länger miteinander auseinanderzusetzen.

Auch wenn eine Begegnung lautstark verläuft oder sich gar eine bedrohliche Situation entwickelt (wie in Bild **3**), ist das Einzige, was Sie tun können, weiterzugehen und Ihren Hund zu sich zu rufen. Der andere Zweibeiner sollte übrigens unbedingt dasselbe tun! Greifen Sie in einen Zweikampf ein, besteht die Gefahr, dass Sie gebissen werden. Selbst Ihr eigener Hund sieht dann nicht, dass es sich um seinen Menschen handelt, nach dem er da gerade schnappt. Lautstarke Auseinandersetzungen sind übrigens im Allgemeinen nur »Show«. Schreien die Zweibeiner dabei in den höchsten Tönen, feuern sie ihre Vierbeiner geradezu an. Ein Ernstkampf deutet sich an, wenn sich zwei Hunde langsam und lautlos umkreisen. Dann ist es höchste Zeit, dass sich die Besitzer zügig in entgegengesetzte Richtungen entfernen (und eventuell ein gut trainiertes Superwort einsetzen).

Den sogenannten »Welpenschutz« gibt es übrigens nicht in dem Maße, in dem wir ihn uns wünschen würden. Im Allgemeinen verfügen Welpen allerdings über ein großes Repertoire an beschwichtigenden Signalen, sodass für den anderen Hund kein Anlass besteht, unfreundlich zu sein. So mancher ältere Hund ist allerdings »genervt« von den aufdringlichen Kleinen und wird möglicherweise entsprechend reagieren. Gehen Sie zügig weiter und locken Sie Ihren Welpen freudig zu sich. So geben Sie ihm die Möglichkeit, sich aus der unangenehmen Situation zu entfernen. Gleichzeitig zeigen Sie ihm mit Ihrer Gelassenheit, dass kein Grund zur Panik besteht!

Häufig hat man bei jungen Hunden allerdings das Problem, dass andere Hunde eine große Faszination ausüben und der Abruf nicht gelingt. Setzen Sie ihn daher auch nicht ein, sondern versuchen Sie auf andere Weise, den Hund zu sich zu bekommen (siehe auch S. 58). Üben Sie den Abruf aus einer Hundebegegnung, wenn das Gegenüber für Ihren Vierbeiner nicht besonders attraktiv ist (zum Beispiel älter und spieluninteressiert). Ist die Begegnung schon fast beendet, rufen Sie Ihren Hund und loben Sie ihn überschwänglich, wenn er zu Ihnen kommt.

Begegnungen mit Menschen

Wie im vorangegangenen Kapitel bereits erwähnt, ist es wichtig, vorausschauend spazieren zu gehen, vor allem dann, wenn Sie die Reaktion Ihres Hundes in bestimmten Situationen noch nicht zuverlässig vorhersehen können. Bedenken Sie dabei auch, dass Sie selbst der Ihnen am besten bekannte Vierbeiner noch überraschen kann!

Erinnern wir uns: Hunde sehen anders als Menschen. Unsere Vierbeiner nehmen eher Umrisse wahr. So können Menschen, die eine ungewohnte Kopfbedeckung tragen (zum Beispiel Motorradfahrer oder Radler), sich für den Hund ungewöhnlich fortbewegen (zum Beispiel ein Mensch mit einer Gehhilfe) oder deren Umriss auf andere Art und Weise für den Hund schwer zu deuten ist (zum Beispiel auf Grund eines Regenschirms), für den Vierbeiner bedrohlich wirken und dadurch unerwünschtes Verhalten hervorrufen. Schnelle Bewegungen (zum Beispiel ein vorbeiflitzender Radler oder ein rodelndes Kind) können Jagdverhalten auslösen, Geräusche irritieren (zum Beispiel das Ticken der Nordic-Walking-Stöcke), dunkle Gestalten bedrohlich wirken und Gegenstände, die tagsüber völlig uninteressant sind, nachts angeknurrt und verbellt werden.

Seien Sie sich darüber im Klaren, dass eine Vielzahl von Umständen dazu beitragen kann, Ihren Vierbeiner dazu zu verleiten, den entgegenkommenden Menschen auf unerwünschte Weise anzugehen. Warten Sie nicht ab, was Ihr Hund womöglich tun wird, sondern bestimmen Sie, was er tun soll!

Nehmen wir das Beispiel einer Begegnung mit einem joggenden Menschen. Jogger bewegen sich schnell – können also Jagdverhalten auslösen –, sie nähern sich schnell – was in der Hundesprache unhöflich ist – und sind dann schnell wieder weg – der Hund hat sie also unter Umständen »erfolgreich« verjagt. Oftmals werden Welpen von joggenden Menschen freundlich begrüßt (man möchte ja, dass der Hund Jogger gut findet), wiegt der Hund aber erst mal 30 Kilo, ist eine solche Begrüßung verständlicherweise nicht mehr erwünscht.

1–**3** Auf Bild **1** sehen Sie, wie der Hund genau das Verhalten zeigt, das wir uns nicht wünschen. Bild **2** illustriert, wie man es besser macht: Rufen Sie Ihren Vierbeiner rechtzeitig zu sich und führen Sie ihn an der abgewandten Seite vorbei. Belohnen Sie ihn dabei reichlich. So lernt er: Der Jogger gibt mir ein gutes Gefühl, wenn ich dabei auf der Seite meines Menschen bin. Einfacher ist es noch, den Hund absitzen zu lassen (Bild **3**) und ihn fürs ruhige Sitzen reichlich zu belohnen, bis die »Bedrohung« vorüber ist.

Achtung: Menschen, die mit Hunden schon einmal schlechte Erfahrungen gemacht haben, behalten den entgegenkommenden Vierbeiner genau im Auge. In Hundesprache bedeutet dies: Sie »drohfixieren« das Gegenüber. Dies kann dazu beitragen, unerwünschtes Verhalten des Hundes auszulösen oder zu verstärken.

Die Leine

Die Leine ist die sichtbare Verbindung zwischen Hund und Halter. Da es im Leben eines Hundes immer wieder erforderlich sein kann, eine Leine zu tragen, sollte er in jedem Fall daran gewöhnt werden und es mit Spaß und ohne Argwohn akzeptieren.

1 Leinen Sie Ihren Vierbeiner doch einfach mal an, um mit ihm ein tolles Spiel zu beginnen!

Mein Tipp

Trägt der Hund ein Halsband, Geschirr, Kopfhalfter oder eine Schleppleine, besteht immer Verletzungsgefahr – vor allem beim Spiel mit Artgenossen oder wenn er unbeaufsichtigt, zum Beispiel im Wald, unterwegs ist. Spielende Hunde sollten daher – wenn unbeaufsichtigt – »unbekleidet« toben oder Halsbänder und Geschirre so angelegt sein, dass die Hunde noch hinausschlüpfen können (es sei denn, es handelt sich um ein sogenanntes Panikgeschirr, wie es auf Seite 11, Bild 2 zu sehen ist, das ebendies verhindern soll).

Halsband oder Geschirr?

Achten Sie bei der Verwendung eines Halsbandes darauf, dass es breit genug ist. Es sollte angenehm zu tragen sein. Halsbänder, die dem Hund bei Zug Schmerzen zufügen oder ihm die Luft nehmen, sind tierschutzrelevant und daher abzulehnen. Der Hund lernt weder durch Schmerzen noch durch Atemnot, nicht an der Leine zu ziehen. Vielmehr besteht die Gefahr, dass es zu Fehlverknüpfungen kommt und

der Hund an der Leine aggressiv wird. Zieht ein Hund stark an der Leine , kann es zudem zu Traumen der Halswirbelsäule und Quetschungen des Kehlkopfes kommen.

Diese Gefahr besteht bei der Verwendung eines Geschirrs nicht, jedoch ist hier die Gefahr größer, irgendwo hängen zu bleiben. Hat ein Geschirr neben dem Ring im Rückenbereich auch einen Ring im Brustbereich, kann ein Hund auf einfache Art und Weise »gebremst« werden: Man fixiert die Leine gleichzeitig im Rücken- und Brustbereich (Bild **2**). Achten Sie bei der Verwendung eines Geschirrs darauf, dass es gut sitzt und angenehm zu tragen ist. Es gibt spezielle Geschirre, bei denen Druck auf ein großes Nervengeflecht am Übergang Vorderbein-Brustkorb ausgeübt wird, sobald der Hund an der Leine zieht. Durch den Schmerz soll er lernen, das Ziehen zu unterlassen. Diese Geschirre sind aus Tierschutzgründen nicht empfehlenswert!

Die Leinenführigkeit

Die Leinenführigkeit ist definiert als das Gehen an lockerer Leine. Der Hund darf nicht an der Leine ziehen, im Gegensatz zum Gehen »bei Fuß« aber schnüffeln und markieren. Das Erlernen des korrekten Gehens an lockerer Leine hört sich zwar zunächst einmal einfach an, die Umsetzung hat jedoch ihre Tücken.

Das Prinzip: Wie wir wissen, lernen Hunde am Erfolg. Der Hund darf also nur dann vorankommen, wenn er nicht an der Leine zieht. Wenn er dauerhaft nur an lockerer Leine dorthin gelangt, wo er hin möchte, wird er das Ziehen unterlassen.

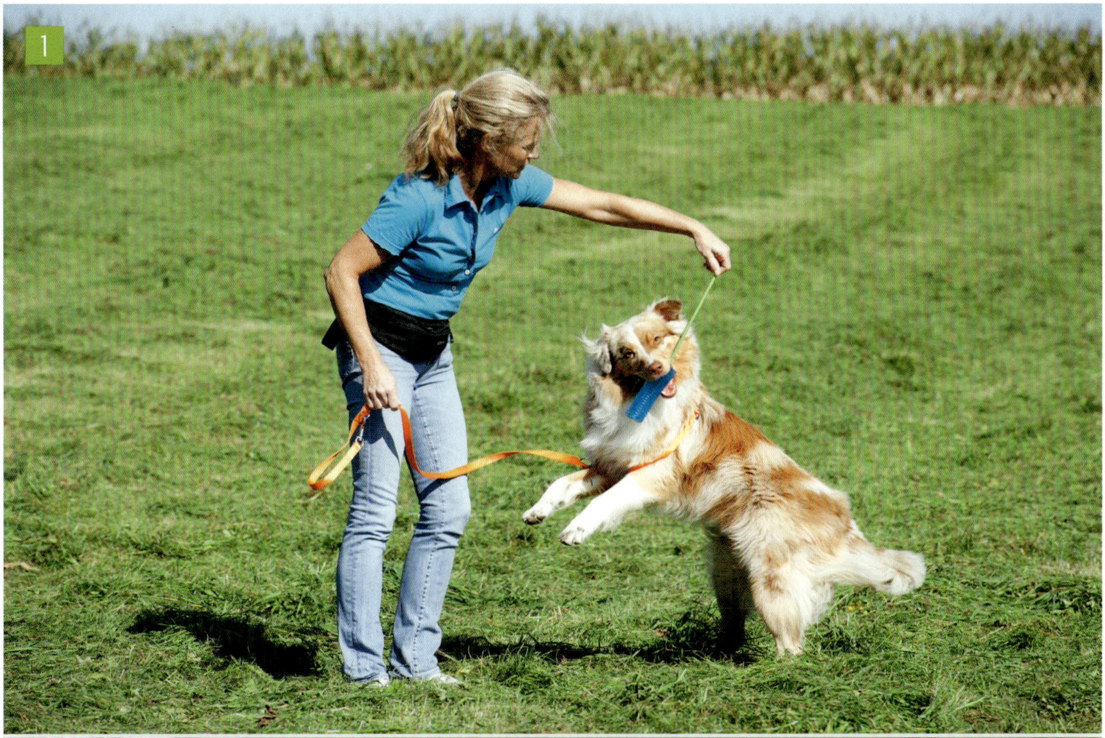
1

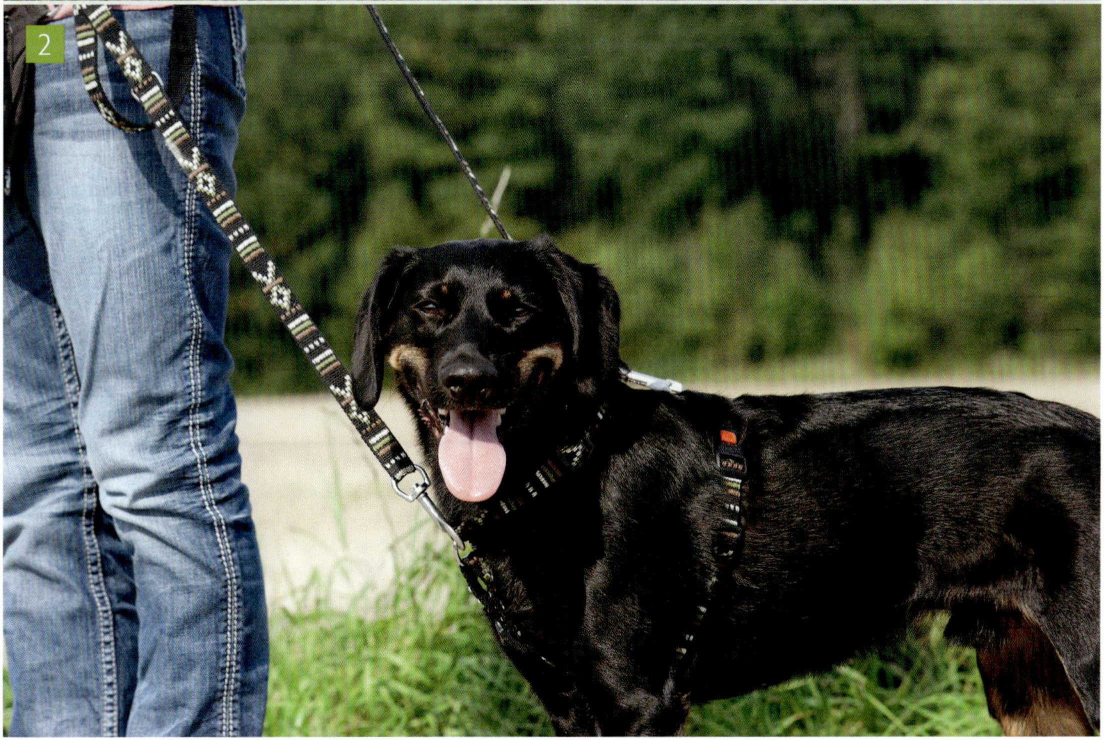
2

Das Problem: Beim Erlernen des korrekten Gehens an der Leine muss man 100-prozentig konsequent sein. Das bedeutet, der Hund darf mit dem Ziehen wirklich nie Erfolg haben. Dies ist jedoch im Alltag häufig nicht umsetzbar, weil wir nicht immer die Zeit und Konzentration haben, auf die korrekte Umsetzung zu achten, oder auch weil unser Vierbeiner so aufgeregt ist, dass es nahezu unmöglich ist, sich an obengenanntes Prinzip zu halten.

Die Lösung: Der Hund bekommt gekoppelt an ein bestimmtes Signal sozusagen »die Erlaubnis zum Ziehen«. Gleichzeitig wird mit ihm geübt, dass er auf ein anderes Signal hin nur, ohne zu ziehen, vorankommt. Beispielsweise darf der Hund ziehen, wenn er am Brustgeschirr geht; ist er am Halsband eingehängt jedoch nicht. Hat ein Geschirr mehrere Ringe, kann man auch mit dem Einhängen an Brust- und Rückenring das Ziehen erlauben; wird die Leine nur am hinteren Rückenring eingehängt, hat der Hund mit dem Ziehen keinen Erfolg.

Hat man seine Signale festgelegt, wird das Gehen an lockerer Leine in kleinen Einheiten unter kontrollierten Bedingungen bei voller Konzentration von Zwei- und Vierbeiner geübt. Hilfreich ist es, zunächst zum Beispiel auf dem Rückweg eines Spaziergangs oder bei einer zweiten Runde um den Block zu trainieren.

Leinen Sie Ihren Hund an und legen Sie für sich eine bestimmte Dauer (im Sekundenbereich!) fest, von der Sie annehmen, dass Ihr Hund in der Lage ist, an lockerer Leine zu gehen. Gehen Sie gemeinsam los und zählen Sie in Gedanken. Ist das Ziel erreicht, loben und belohnen Sie Ihren Hund und beginnen Sie von vorn. Wiederholen Sie diese Übung mehrfach und beginnen Sie, die Zeitspanne langsam zu steigern.

1 — 3 Zieht Ihr Vierbeiner an der Leine, bleiben Sie stehen. Blickt Ihr Hund sich fragend um – manche Hunde machen auch Anstalten, sich zu setzen – und die Leine lockert sich dabei, loben Sie ihn, locken Sie ihn zu sich und beginnen Sie die Übung in der entgegengesetzten Richtung von vorn.

Achtung: Es ist wichtig, dass Sie versuchen, das Ziehen zu vermeiden und vorher schon zu belohnen, sonst entwickelt der Hund womöglich eine Handlungskette in Form von »Ziehen – Lockerlassen – Leckerchen abholen«.

Für das Gehen an lockerer Leine ist es zudem hilfreich, eine Art Nachfolgesignal einzuführen im Sinne von »lass uns weitergehen« oder »lass uns die Richtung wechseln«. Denken wir an einen Schaufensterbummel, den wir mit einer Freundin machen; wir würden diese ja auch ansprechen – statt sie einfach unhöflich am Ärmel weiterzuziehen.

Zunächst muss das Signal etabliert werden: Machen Sie in ablenkungsfreier Umgebung das Geräusch (»Ksss«, »Küsschen«, ….), das als Kommando dienen soll. Unmittelbar darauf bekommt Ihr Vierbeiner ein Leckerchen. Nach häufiger Wiederholung wird er verknüpfen, dass das Geräusch für ihn etwas Gutes bedeutet, und daher in die Richtung schauen, aus der das Geräusch kommt.
Gehen Sie nun mit Ihrem Hund in ablenkungsfreier Umgebung an lockerer Leine und machen Sie das Signalgeräusch. Schaut der Hund, wird er gelobt und es geht in eine andere Richtung weiter. Der Hund muss in der Lage sein, die Richtungsänderung nachzuvollziehen, ohne dass an der Leine geruckt wird! Schaut der Hund nicht in Richtung Hundehalter, ist das Geräusch nicht ausreichend etabliert und/oder die Ablenkung zu groß.

Hilfsmittel Kopfhalfter

Trägt der Hund ein Kopfhalfter, hat man eine bessere Kraftverteilung und damit Kontrolle über den Vierbeiner. Dies ist vor allem bei ungleichen Paaren, bei großen und stürmischen Hunden sowie in bestimmten Situationen wie beispielsweise dem Radfahren von Vorteil. Man kann zudem den Kopf des Tieres besser kontrollieren, beispielsweise wenn der Hund an der Leine einen Artgenossen ankläfft. Kopfhalfter gibt es in verschiedenen Ausführungen. Wichtig ist ein guter Sitz, außerdem ist es von Vorteil, wenn das Kopfhalfter im Ganzen eng am Kopf anliegt (siehe Bild 1). Sind einige Partien locker, können durch Reibung Scheuerstellen entstehen.

Es ist wichtig, den Hund in kleinen Schritten an das Tragen eines Kopfhalfters zu gewöhnen; vorgehen kann man dabei wie bei der Gewöhnung an einen Maulkorb (siehe S. 16). Ansonsten wird der Hund versuchen, sich den ungewohnten Gegenstand vom Kopf zu streifen. Auch das Gehen an der Leine will geübt sein, diese ist dabei stets doppelt – also am Kopfhalfter und Geschirr/Halsband – einzuhaken.

Hilfsmittel Schleppleine

Die sogenannte Schleppleine kann eingesetzt werden, um dem Hund einen größeren Radius zu ermöglichen, ihn dabei jedoch stets unter Kontrolle zu haben (beispielsweise im Wald, wenn der Hund dort gerne außer Sichtweite verschwindet). Es gibt Schleppleinen in verschiedenen Ausführungen und Längen. Gut zu händeln sind Leinen mit einer Länge von fünf Metern, darüber hinaus wird es schnell kompliziert. Breitere Leinen liegen besser in der Hand, haben eine gewisse Elastizität und bergen ein geringeres Verletzungsrisiko bei »Verwicklungen« als dünnere Exemplare. Longen für Pferde können übrigens wunderbar als Schleppleinen eingesetzt werden.

Wenn Sie Ihren Hund mit einer Schleppleine führen, muss er dabei unbedingt ein Geschirr tragen. Sollte er nämlich einmal mit Schwung bis ans Ende der Leine laufen und ruckartig gebremst werden, ist die Gefahr eines Traumas der Halswirbelsäule beim Tragen eines Halsbandes viel zu groß!

2 – 3 Haken Sie also die Schleppleine am Brustgeschirr ein und legen Sie den losen Teil in großen Schlaufen um Ihre Hand. Behalten Sie das Ende der Leine immer in der Hand. Ein Knoten am Ende der Leine sorgt für bessere Griffigkeit. Geben Sie – indem Sie die Schlaufen abwickeln und wieder aufnehmen – Ihrem Hund immer so viel Leine, wie er benötigt, lassen Sie die Leine jedoch nie über den Boden schleifen (auch wenn der Begriff »Schleppleine« dies vermuten lassen würde!) und lassen Sie die Schlaufen nicht einfach fallen. So haben Sie immer eine kontrollierte Verbindung zum Hund. Mit zunehmender Entfernung nimmt die Kontrolle allerdings ab. Beachten Sie auch hier, dass Ihr Vierbeiner mit Ziehen nicht vorankommen sollte!

Mein Tipp

Die gerne verwendeten Flexileinen haben den Nachteil, dass der Hund nur durch Ziehen – das wir ja gerne vermeiden würden – vorankommt. Das lange dünne Ende ist häufig nur schlecht sichtbar, sodass andere Hundebesitzer nicht sehen, ob der Hund angeleint ist oder nicht. Wickelt sich das dünne Seil um eine Gliedmaße, besteht zudem beträchtliche Verletzungsgefahr!

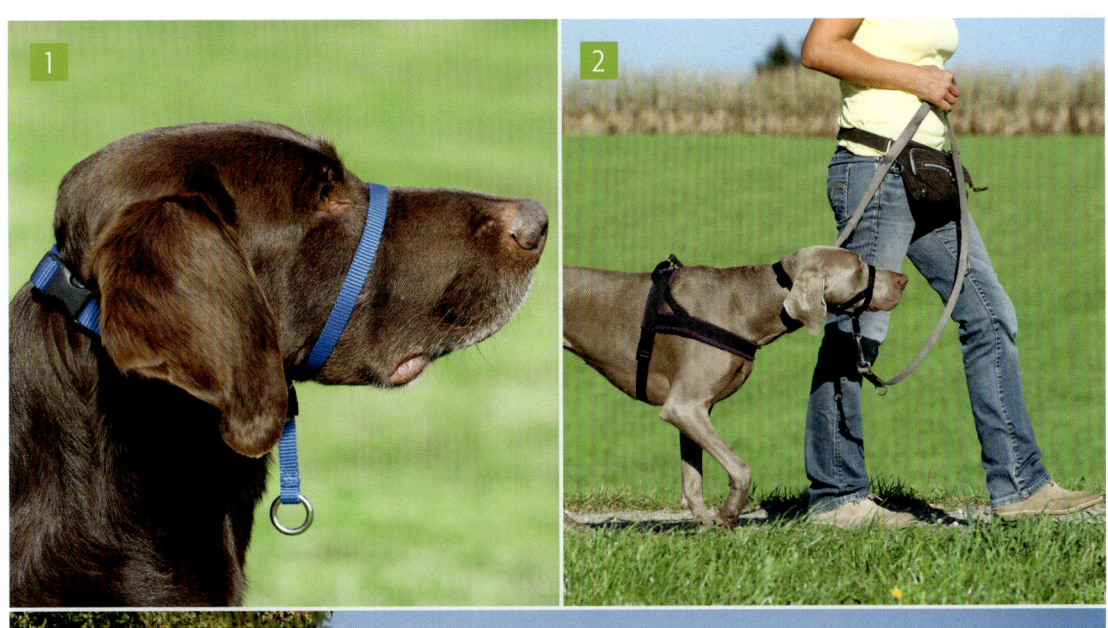

Der Hund im Straßenverkehr

Autofahren mit dem Hund

Das Ein- und Aussteigen ins Auto will geübt sein. Vor allem das Aussteigen sollte kontrolliert erfolgen. Dies ist nicht einfach, wenn man gerade an der Hundewiese angekommen ist! Üben Sie zunächst also in ablenkungsfreier Umgebung, zum Beispiel zu Hause nach dem Spaziergang. Lassen Sie den Hund sitzen, während Sie die Autotür/den Kofferraum schließen und wieder öffnen oder während Sie sich einige Schritte vom Auto entfernen. Ist Ihr Hund zu aufgeregt, hilft es unter Umständen auch, ihn »ruhig zu füttern« bevor er aussteigen darf. Dabei darf die Aufregung natürlich nicht zu groß sein, sonst wird Ihr Hund kein Futter annehmen!

1. Bei großen Hunden, die möglicherweise irgendwann einmal gesundheitliche Probleme mit dem Hinein- oder Herausspringen haben werden, empfiehlt es sich, schon in jungen Jahren immer wieder mit einer Einstiegshilfe zu üben (in kleinen Schritten: zunächst auf dem Boden, dann in leicht schräger Position, dann am Auto).

Ihr vierbeiniges Familienmitglied muss wie alle anderen Familienmitglieder im Auto ausreichend gesichert sein.

2. Nach geltenden Bestimmungen ist es erlaubt, den Hund auf einem Beifahrer- oder Rücksitz unterzubringen, wenn er durch ein entsprechendes Rückhaltesystem gesichert und angeschnallt ist.

3. Eine weitere Möglichkeit besteht in der Unterbringung im Kofferraum. Hier muss eine ausreichend sichere Trennung wie zum Beispiel ein Gitter zwischen Fahrgastraum und Kofferraum vorhanden sein. Ein Netz ist nicht ausreichend! Gut geeignet sind auch stabile Hundeboxen, wenn der Hund an den Aufenthalt darin gewöhnt wurde.

Hunde, die Probleme mit dem Autofahren haben, sollten zunächst nur auf kurze Strecken mit einem angenehmen Ziel mitgenommen werden. Bei der Platzwahl kann ausprobiert werden. Möglicherweise ist der Platz neben dem Fahrer angenehmer als hinten im Kofferraum?

Reiseübelkeit bei Hunden muss zügig behandelt werden, da ansonsten schnell eine schlechte Assoziation hergestellt wird und sich die Hunde weigern, ins Auto einzusteigen. Wirksame Mittel gibt es sowohl homöopathisch als auch schulmedizinisch, pflanzlich kann die Verabreichung von Ingwer in Tablettenform hilfreich sein.

Radeln mit dem Hund

Als Radfahrer nehmen Sie aktiv am Straßenverkehr teil und fahren, wenn keine Fahrradwege vorgesehen sind, auf der rechten Straßenseite. Führen Sie einen Hund mit sich, muss dieser nach der Straßenverkehrsordnung auf der verkehrsabgewandten rechten Seite des Rads laufen. Wie immer gehen Sie bitte bei der Gewöhnung an das Fahrradfahren langsam vor. Bringen Sie Ihrem Hund zunächst bei, auf der rechten Seite des Rads zu laufen, während Sie Ihr Fahrrad schieben, später dann in einem langsamen Tempo fahren. Um den Hund unmittelbar für erwünschtes Verhalten belohnen zu können, ist es von Vorteil, wenn Ihr Hund gelernt hat, ein Belohnungsleckerchen aus der Luft zu fangen (siehe Tipp S. 88)!

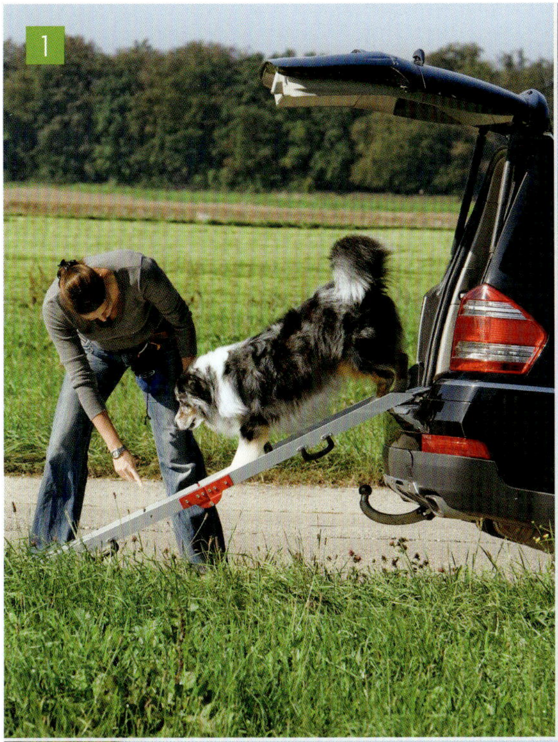
1
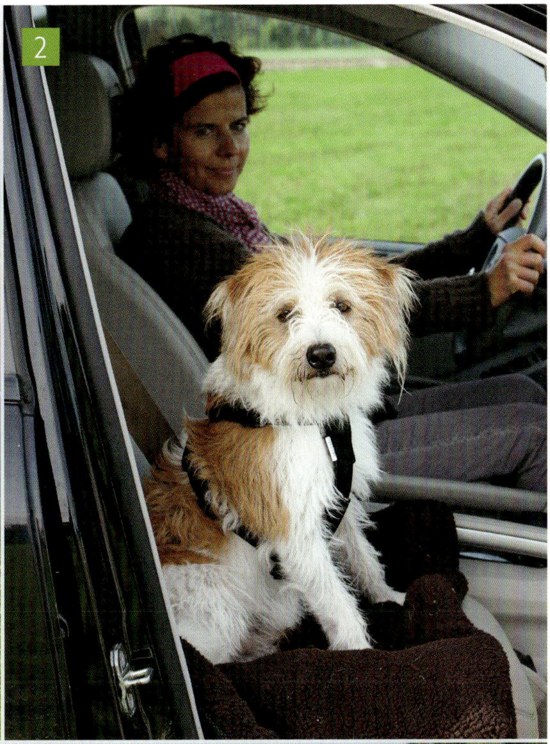
2
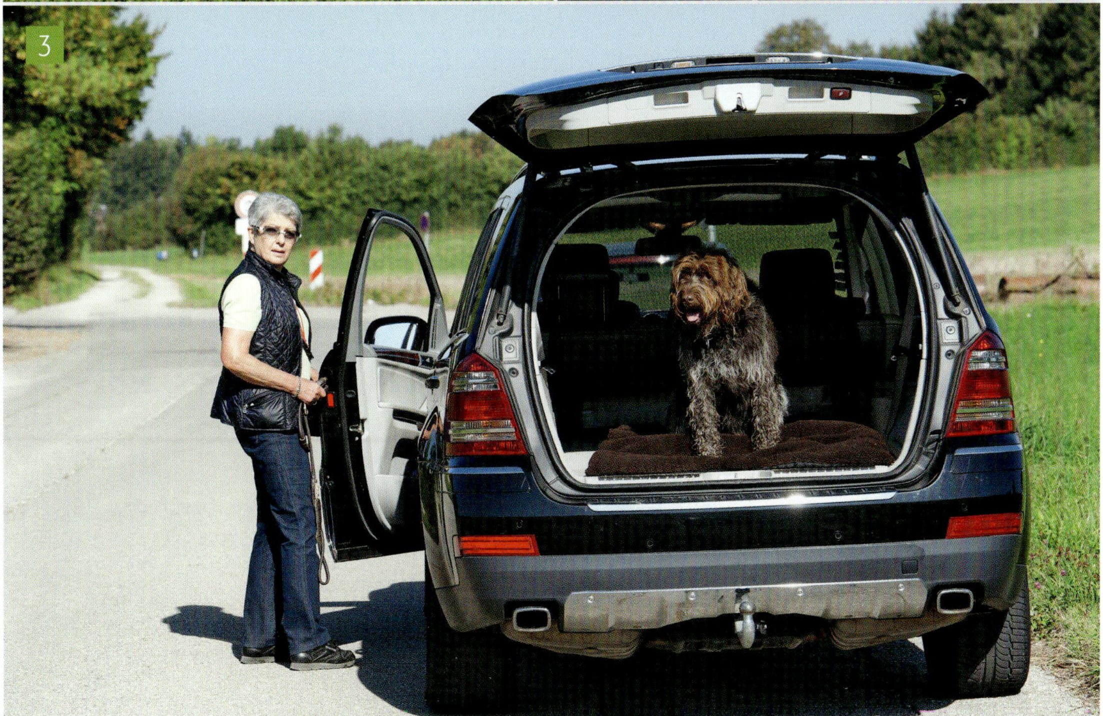
3

Mein Tipp

Lange Strecken neben einem Fahrrad herzulaufen, bedeutet für einen Hund nicht nur eine
Belastung der Gelenke (weshalb damit auch
nicht zu früh im Hundeleben begonnen werden sollte!), es ist außerdem ziemlich langweilig! Die Hundewelt ist eine Nasenwelt, also
legen Sie beim Radeln Pausen ein, in denen
der Hund ausgiebig schnüffeln oder sein Lieblingsspielzeug suchen darf. Sonst bekommen
Sie einen Hund, der zwar eine tolle Figur und
Kondition hat, nach Ankunft zu Hause aber
nach fünf Minuten wieder vor Ihnen steht
nach dem Motto: »Und, was machen wir
jetzt?«

Die Klingel kann ein Zeichen werden, auf die rechte
Fahrradseite zu kommen. Üben Sie zunächst im
Stehen, indem Sie klingeln und den Hund unmittelbar darauf belohnen. Ist eine positive Assoziation
hergestellt und Ihr Hund blickt Sie beim Ertönen der
Klingel erwartungsfroh an, können Sie dazu übergehen, den Hund aus kurzer Distanz und in ablenkungsfreier Umgebung mit der Klingel auf die rechte
Fahrradseite zu rufen. Steigern Sie den Schwierigkeitsgrad und den Grad der Ablenkung wie immer in
kleinen Schritten.

1 Ist der Hund an der Leine, empfiehlt es sich, den
Hund zur besseren Kontrolle und Kraftverteilung
doppelt, also an Brust- und Rückenring, einzuhän-
gen oder ein Kopfhalfter zu verwenden. Bevor Sie
der Hund vom Fahrrad zieht, ist es jedoch immer
ratsam, den Hund loszulassen. In jedem Fall ist
es sinnvoll, einen Helm zu tragen!

Einkaufen mit dem Hund

Eine kleine Runde im Ort ist für Hunde oftmals interessant. Es gibt viel zu schnüffeln und manche Geschäfte halten sogar Leckerchen bereit. Damit Sie
sich auf Ihre Einkäufe konzentrieren können, verfah-
ren Sie im Geschäft am besten wie bei der Begrüßung einer Person. Legen Sie die Leine auf den Boden und treten Sie mit Ihrem Fuß so darauf, dass
der Hund keinen großen Spielraum hat. Zeigt er von
sich aus Verhalten, das in der Situation wünschens-
wert ist (indem er sich beispielsweise hinsetzt oder
-legt), dürfen Sie dies natürlich belohnen!

2—3 In manche Geschäfte dürfen Hunde nicht mit
hinein. Meist findet sich eine Möglichkeit, den
Hund vor dem Laden festzubinden. Sie können
Ihrem Hund mit einem verbalen Signal (zum
Beispiel »Du wartest«) anzeigen, dass er nicht
mitkommen darf. Legen Sie ihm außerdem eine
Handvoll Leckerchen vor die Füße, dann ist er
während Ihrer Abwesenheit beschäftigt. Ähnlich
wie beim Üben des Allein-zu-Hause-Bleibens loben Sie Ihren Hund nicht, wenn Sie zurückkom-
men, denn damit würden Sie nur die Bedeutung
Ihrer Rückkehr für Ihren Hund verstärken!

Mein Tipp

Geben Sie Ihrem Hund vor dem Geschäft nicht
das Kommando »Bleib«, wie wir es auf S. 36
aufgebaut haben. »Bleib« bedeutet: »Bleib in
dieser Körperhaltung, bis ich dir die Erlaubnis
gebe, dich zu rühren.« Die Wahrscheinlichkeit,
dass sich Ihr Hund in Ihrer Abwesenheit bewegen wird, ist sehr hoch, und Sie können nicht
entsprechend korrigierend eingreifen.

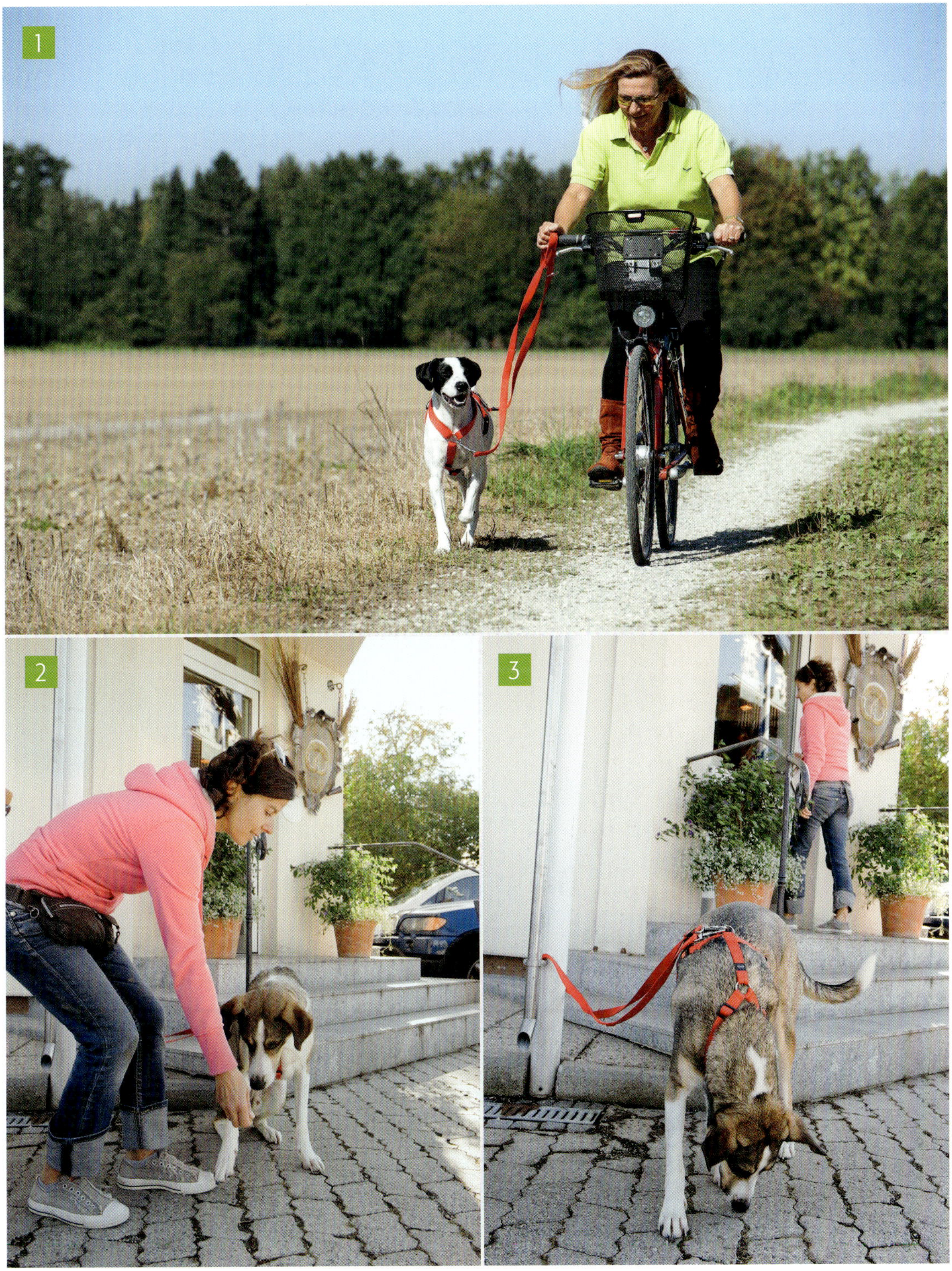

Hunde und Wasser

Manche Hunde lieben Wasser und springen in jede Pfütze, die sie finden (Bild **1**), andere sind dem nassen Element gegenüber zunächst eher skeptisch eingestellt. Damit dies nicht so bleibt, gibt es einiges, was Sie tun können, denn Wasser ist wunderbar geeignet, Hunde sinnvoll zu beschäftigen. Schwimmen ist gut für den ganzen Körper und schont die Gelenke.

Üben Sie zu Hause:
2 – **3** Lassen Sie Ihren Hund Leckereien aus einer mit Wasser gefüllten Schüssel fischen. Beginnen Sie zunächst sehr einfach mit wenig Wasser und einem großen Leckerchen, später können Sie die Wassermenge erhöhen. Der Hund kann sich so eine ganze Handvoll Trockenfutter erarbeiten. Im Sommer hat dies den positiven Nebeneffekt, dass er zudem ausreichend Wasser zu sich nimmt.

Gehen Sie mit Ihrem Vierbeiner am Ufer eines Flusses oder Sees spazieren und waten Sie gemeinsam mit ihm im seichten Wasser. Ziehen Sie Ihren Hund dabei nicht, sondern lassen Sie ihn selbst so weit gehen, wie er möchte. Gehen Sie immer wieder mit Ihrem Hund am und im Wasser spazieren. Erhöhen Sie dabei langsam die Wassertiefe, in die sich Ihr Hund begeben darf. Irgendwann kommt der Moment, wo er den Boden unter den Füssen verliert. Kehren Sie mit ihm ins flachere Gewässer zurück, sodass er wieder gehen kann. Erhöhen Sie die Zeit, die er schwimmen muss, in kleinen Schritten.

Sie können auch versuchen, den Hund mit Leckerchen, die schwimmen, oder einem schwimmenden Spielzeug zu motivieren, sich Stück für Stück mehr ins Wasser zu wagen. Bleiben Sie dabei jedoch immer in einem Bereich, in dem der Hund von sich aus bereit ist, den nächsten Schritt zu tun. Wenn Hunde beim Schwimmen die Vorderpfoten hektisch bewegen, sind sie in Panik! Gehen Sie dann mit den Übungen einige Schritte zurück und geben Sie Ihrem Vierbeiner mehr Zeit. Was in einem Sommer noch nicht klappt, klappt vielleicht im nächsten! Bei entspanntem Schwimmen bewegen sich die Vorderbeine ruhig, zügig und gleichmäßig.

Ihr Hund hat erfolgreich das Schwimmen, eventuell auch das Tauchen gelernt? Lassen Sie ihn sein Lieblingsspielzeug aus dem Wasser holen! Bedenken Sie, ob ein Spielzeug schwimmt oder untergeht; beides kann je nach Veranlagung des Hundes eingesetzt werden. Wenn Sie Ihren Hund aus einem Fluss Dinge apportieren lassen, achten Sie darauf, diese gegen die Strömungsrichtung zu werfen. Werfen Sie mit der Strömung, sind die Erfolgsaussichten des Hundes gering, das Objekt zu erreichen, eventuell treibt er bei seinem Versuch sogar ab und kommt so in Gefahr.

Mein Tipp

Wird Ihr Hund von der Strömung abgetrieben, wird er versuchen, wieder zu Ihnen zu gelangen. Dies ist gegen die Strömung jedoch kräftezehrend, unter Umständen sogar unmöglich. Laufen Sie deshalb am Ufer mit ihm mit. So hat er die Möglichkeit, kräfteschonend ein Stück flussabwärts ans Ufer zu gelangen.

Apport

Was bedeutet eigentlich »Apportieren«? Es handelt sich hier um eine Handlungskette, die sich aus mehreren Gliedern zusammensetzt: Ein Gegenstand wird geworfen, der Hund läuft hinterher, findet den Gegenstand und nimmt ihn ins Maul, läuft mit ihm zurück zum Besitzer und gibt den zu apportierenden Gegenstand in die Hand seines Menschen ab. Bei Handlungsketten beginnt man am besten damit, den letzten Teil der Kette zu üben (hier also die Abgabe in die Hand). Wir wollen jedoch versuchen, mit nachfolgendem Übungsaufbau eine »Abkürzung« zu nehmen.

Schritt 1: Der zu apportierende Gegenstand, das Apportel, sollte so beschaffen sein, dass der Hund ihn gut ins Maul nehmen kann und ihn auch von sich aus gerne herumträgt (also zum Beispiel ein Lieblingsspielzeug).

1 Schritt 2: Wenn sich etwas schnell durch die Luft bewegt und der Hund hinterherhetzt, ist das Jagdverhalten. Deshalb wollen wir das »Hinter-dem-Apportel-Herlaufen« zumindest kontrollieren. Dies bedeutet, dass der Hund sitzen soll, bevor das Apportel fliegt, und erst auf ein Freizeichen des Besitzers hin loslaufen darf (siehe S. 36). Jedoch aufgepasst: Arbeiten Sie an beiden Bereichen einzeln und konzentrieren Sie sich jeweils auf eine Sache, an der gearbeitet werden soll. Ist man auf den Apport konzentriert, kann das Freizeichen zunächst also frühzeitig gegeben werden!

Schritt 3: Nun heißt es abwarten, bis der Hund beim Gegenstand ist und ihn – hoffentlich! – ins Maul nimmt. Dann dürfen Sie jubeln und erst mal eine Pause einlegen!

Klappen Schritt 1 bis 3 mehrmals zuverlässig, dürfen Sie Schritt 4 hinzufügen.

2 Schritt 4: Jubeln Sie wie gewohnt bei Schritt 3 und laufen Sie sofort in die entgegengesetzte Richtung los. Feuern Sie dabei Ihren Hund an, solange er mit dem Apportel im Maul hinter Ihnen herläuft.

Klappen Schritt 1 bis 4 mehrmals zuverlässig, folgt die nächste Etappe,

3 Schritt 5: Setzen Sie sich, nachdem Sie einige Schritte gelaufen sind, seitlich in die Hocke und empfangen Sie Ihren Hund. Freuen Sie sich und loben Sie ihn, solange er das Apportel im Maul hat. Es macht nichts, wenn das Objekt vorher aus dem Maul fällt (dann ist es allerdings unter Umständen hilfreich, beim Laufen etwas mehr Tempo zu machen!).

Nun folgt der schwierigste Schritt, die Abgabe in die Hand. Üben Sie diesen einige Male einzeln wie folgt:

Schritt 6: Lassen Sie das Apportel in der unmittelbaren Nähe Ihres Hundes fallen. Die Wahrscheinlichkeit, dass er hinläuft und den Gegenstand ins Maul nimmt, ist groß. Seien Sie dann parat und halten Sie Ihre geöffnete Hand unter sein Maul, sodass das Objekt in Ihre Hand fällt, wenn der Hund sein Maul öffnet (gegebenenfalls müssen Sie einen Austausch anbieten, siehe S. 108). Lassen Sie, wenn Sie Schritt 6 einige wenige Male geübt haben, das Apportel wieder richtig weit fliegen, denn das Hinterherflitzen macht natürlich deutlich mehr Spaß als die Abgabe in die Hand!

Nasenarbeit

Die feine Hundenase eröffnet eine Vielzahl von Möglichkeiten, den Hund auf sinnvolle Weise zu beschäftigen. Beispielhaft werden hier die Verlorensuche sowie die Suche nach einem bestimmten Objekt aufgezeigt. Um dem Hund verständlich zu machen, was genau und wo er suchen soll, ist es wichtig, Suchobjekt sowie abzusuchende Fläche genau festzulegen.

Verlorensuche

Die Verlorensuche hat neben dem Beschäftigungseffekt durchaus auch praktische Aspekte (man denke an verlorene Handschuhe oder Schlüssel!). Ziel ist es, dass der Hund einen Gegenstand findet, der nach dem Besitzer riecht und der sich auf der abgelaufenen Strecke befindet. So üben Sie: Lassen Sie den gewählten Gegenstand gut sichtbar – jedoch ohne dass Ihr Hund es bemerkt (was mitunter der schwierigste Teil der Übung ist!) – auf dem Weg liegen, gehen Sie einige wenige Schritte weiter und rufen Sie Ihren Hund zu sich.

1 Zeigen Sie in die Richtung des »verlorenen« Gegenstandes. Die Wahrscheinlichkeit, dass Ihr Hund zu dem mitten auf dem Weg liegenden Gegenstand hinläuft, ist hoch.
2 Ist er angekommen, jubeln, loben und belohnen Sie Ihren vierbeinigen Freund.

Läuft der Hund zuverlässig zum liegen gelassenen Gegenstand, können Sie zur weisenden Handbewegung das Kommando »Such verloren« hinzufügen. Erhöhen Sie langsam die Distanz, die der Hund zurückzulegen hat, bleiben Sie jedoch stets am gegangenen Weg. Benutzen Sie zunächst immer denselben Gegenstand, der gesucht werden soll. Arbeiten Sie dann auch mit anderen Gegenständen, die Ihren Geruch tragen. Beginnen Sie die Arbeit mit einem neuen Objekt, verringern Sie die Distanz zunächst deutlich, um sicherzustellen, dass der Hund das erwünschte Verhalten zeigt.

Objektsuche

Das Erlernen der Objektsuche lässt sich am einfachsten mit einem Lieblingsspielzeug des Hundes erlernen. Lassen Sie Ihren Hund absitzen, entfernen Sie sich (der Hund kann auch von einer Hilfsperson festgehalten werden, falls das »Sitz und bleib« noch nicht so gut klappt!) und legen Sie das Spielzeug mit einer großen Bewegung, die sichtbar für den Hund ist, an einem gut begrenzten Bereich – zum Beispiel vor einer Hecke – ab. Gehen Sie zurück zu Ihrem Hund und geben Sie ihm das Freizeichen. Ihr Hund wird zielstrebig zu seinem Lieblingsspielzeug laufen. Sobald er dort ist, dürfen Sie ihn überschwänglich loben. Wiederholen Sie dies mehrere Male.

Schwieriger gestalten Sie die Übung in einem nächsten Schritt: Der Übungsaufbau bleibt derselbe, Sie täuschen jedoch die Ablage des Spielzeugs an drei Stellen an und lassen es an einer dieser Stellen liegen.

Mein Tipp

Ziel der jeweiligen Suche ist nicht, dass der Gegenstand apportiert, sondern dass er gefunden wird. Gejubelt und belohnt wird also, sobald die Hundenase den Gegenstand berührt!

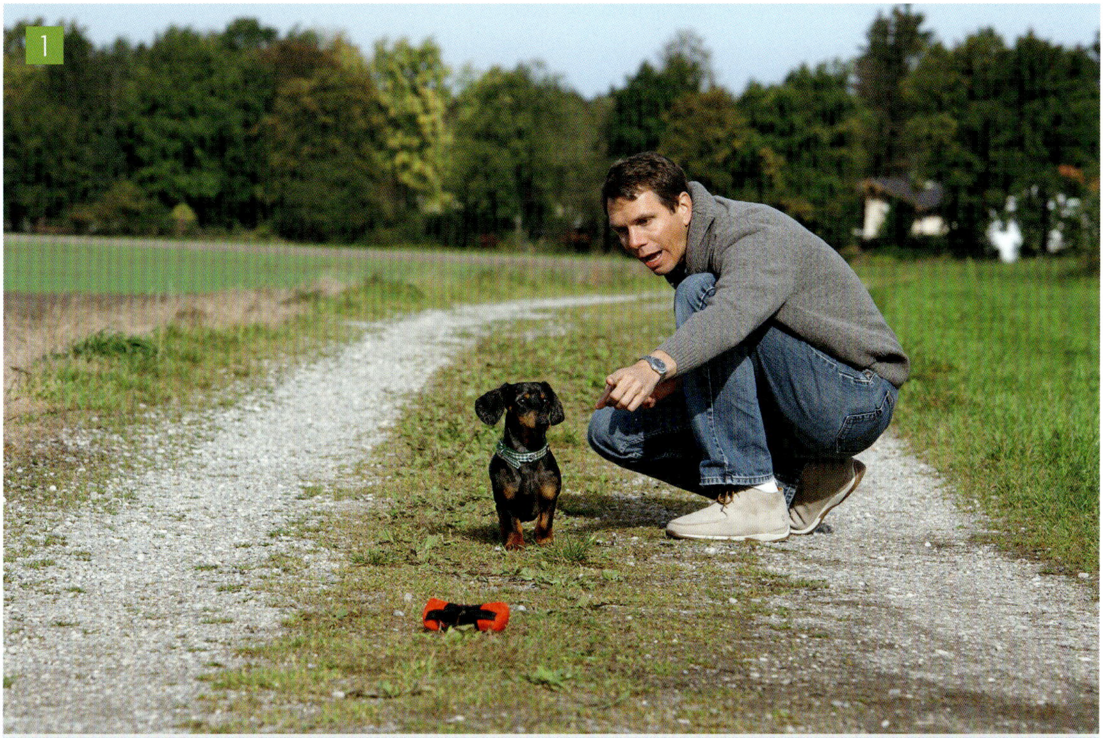
1

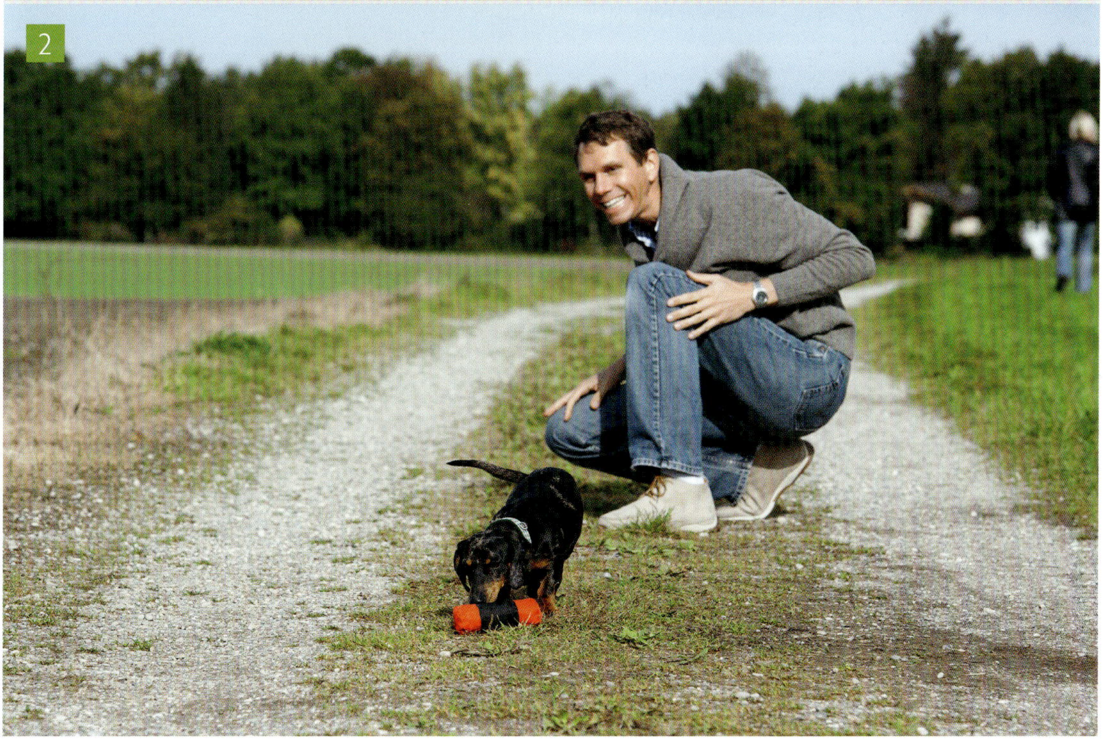
2

Zu Hause

Das Zusammenleben mit einem Hund kann ganz schön schwierig sein, macht der Vierbeiner doch gerade zu Hause oftmals Dinge, die für einen Hund ganz »normal«, für uns Menschen jedoch nicht akzeptabel sind. Und dann ist da noch die Sache mit der Rangordnung... »Darf er nun auf die Couch oder nicht?« Diese und andere Fragen gilt es im Folgenden zu beantworten.

Die Rangordnung

Eine klare Rangposition innerhalb des Familienrudels gibt Ihrem Hund Sicherheit und Stabilität. Je eindeutiger dabei Sie als Halter die Führungsposition innehaben, desto mehr wird Ihr Vierbeiner Ihnen in Situationen, die ihn verunsichern, vertrauen und sich an Ihnen orientieren. Ranghohe Tiere müssen zudem oft Pflichten übernehmen, die mit Stress verbunden sind (beispielsweise die Beschützung rangniederer Rudelmitglieder). Ein rangniederer Hund hingegen kann entspannen.

Die hierarchische Einordnung erfolgt dabei völlig gewaltfrei. Leider werden heute immer noch Methoden wie die sogenannte Alpharolle propagiert, bei der der Hund körperlich unterworfen wird, um Ranghöhe zu demonstrieren. Diese Methoden sind jedoch ausschließlich dazu geeignet, Vertrauen zu zerstören und Probleme heraufzubeschwören!

Wie aber erlangen Sie eine hohe Rangposition gegenüber Ihrem Hund? Machen Sie sich zunächst bewusst, dass Sie über alles die Kontrolle haben, was Ihrem Vierbeiner wichtig ist (die sogenannten Ressourcen). Theoretisch bestimmen Sie, wann, was und wie viel es zu fressen gibt, wann, wie lange, in welchem Tempo und in welche Richtung spazieren gegangen wird, wann, wie lange und womit gespielt wird, wo er sich hinlegen darf und – das höchste Gut für einen Hund – wann es Aufmerksamkeit gibt. In der Praxis sieht es allerdings häufig anders aus. Der Hund bekommt – oft mehrmals am Tag – eine volle Schüssel hingestellt, ohne etwas dafür zu tun, er hat sein Spielzeug zur freien Verfügung (oh, wie langweilig!), er bestimmt Richtung und Tempo beim Spaziergang, fordert seine Streicheleinheiten und bekommt häufig Aufmerksamkeit im Überfluss (siehe Bild 1).

Um Chef zu werden, müssen Sie die Ressourcen kontrollieren (siehe Bild 2): Lassen Sie Ihren Hund das Futter erarbeiten, geben Sie Spielzeug gezielt heraus und nehmen Sie es auch wieder weg (das macht das Spielzeug interessant!), bestimmen Sie beim Spaziergang die Richtung (und zwar kommentarlos, siehe S. 48), beginnen und beenden Sie die Kuschelstunden, beachten Sie die Aufmerksamkeit, die Sie Ihrem Hund geben. Der Hund steht vor der Tür zum Garten und winselt? »Muss« er tatsächlich, oder sind Sie vielleicht zum praktischen »Türöffner« geworden? Sie haben es in der Hand, ein souveräner Chef zu sein, der es nicht nötig hat, laut zu werden oder körperliche Überlegenheit zu demonstrieren.

Mein Tipp

Haben Sie einen pubertierenden Junghund, ist es oftmals sehr hilfreich, den Hund für ein oder mehrere Tage so gut wie nicht zu beachten. Reduzieren Sie das Futter. Dieses gibt es nur, wenn eine Gegenleistung erbracht wird, zum Beispiel für flottes Herankommen nach dem Abruf.

Es gibt ihn nicht, den »dominanten« Hund! Dominant ist in einer Beziehung das Individuum x gegenüber dem Individuum y. Diese Beziehung ist flexibel und kann sich jederzeit ändern!

Der richtige Platz

Die Couch

Darf der Hund nun aufs Sofa oder nicht? Zunächst ist es wichtig, dass Sie sich innerhalb der Familie einig sind, was erlaubt sein soll, denn nur so kann Ihr vierbeiniges Familienmitglied Regeln verstehen. Liegt der Hund auf dem Sofa, ist damit sicherlich nicht gleich die Rangordnung auf den Kopf gestellt. Er sollte sich jedoch auf Ihr (gut geübtes) Kommando hin davon entfernen, wenn Sie es wünschen! Knurrt Ihr Hund Sie hingegen an, wenn Sie sich zu ihm setzen möchten, haben Sie ein Rangordnungsproblem und sollten unbedingt eine/n Experten/-in zurate ziehen!

Es ist eine gute Idee, eine Decke zu etablieren, die dem Hund den Aufenthalt auf dem Sofa »erlaubt« (siehe Bilder 1 und 2 auf der vorhergehenden Seite). Gehen Sie wie folgt vor: Legen Sie die Decke aufs Sofa, locken Sie Ihren Hund hinauf und üben Sie dann das Herunterspringen, indem Sie auf Bodenhöhe vor dem Sofa ein Leckerchen oder Spielzeug in der Hand halten, mit dem Sie Ihren Vierbeiner dazu motivieren, das Sofa wieder zu verlassen. Tut er dies, loben und belohnen Sie ihn. Gehen Sie zügig wie immer von der Bestechung zur Belohnung über und setzen Sie schließlich ein Wortkommando (zum Beispiel »Runter«) vor Ihre Geste. Erwischen Sie Ihren Hund »ohne Erlaubnis« auf dem Sofa, müssen Sie sicherstellen, dass er dieses verlässt, indem Sie beispielsweise laut in die Hände klatschen, das gut geübte Kommando »Runter« einsetzen oder ihn auf seinen Platz schicken. Achten Sie darauf, immer die Decke auf dem Sofa liegen zu lassen, wenn Sie selbst nicht da sind, da Sie dann nicht eingreifen können, wenn sich Ihr Vierbeiner unerlaubt auf der Couch aufhält.

»Wo soll ich hin?«

Es gibt in jedem Haus oder jeder Wohnung Plätze, die für den Hund tabu sein sollen. Dabei ist immer wichtig zu überlegen, wo sich der Hund stattdessen aufhalten kann. Das Aufsuchen dieses Platzes muss dann gezielt geübt werden (Bilder 1 – 2).

Zum Beispiel: Der Hund soll sich nicht in der Küche aufhalten (dies ist nur ein Beispiel, natürlich kann es für Sie auch völlig in Ordnung sein, wenn Ihr Vierbeiner Ihnen beim Kochen zuschaut!). Legen Sie außen neben die Küchentür eine Decke, führen Sie Ihren Hund immer wieder dorthin (bevor oder während Sie in der Küche arbeiten) und lassen Sie ihn darauf sitzen oder Platz machen. Er muss dort nicht bleiben! Wiederholen Sie dies mehrfach, sodass eine Assoziation hergestellt wird: Der Aufenthalt auf der Decke gibt dem Hund ein »gutes Gefühl«. Nach einiger Zeit wird er von sich aus diese Decke aufsuchen. Nun ist es an Ihnen, dies mit etwas besonders Leckerem zu belohnen. Verstärken Sie so immer wieder den Hund, wenn er von sich aus auf dem erwünschten Platz liegt. Sollten Sie gerade am Herd stehen, kann es durchaus hilfreich sein, wenn Ihr Hund gelernt hat, ein Leckerchen aus der Luft zu fangen (siehe Tipp S. 88)! Auf diese Art und Weise können Sie verschiedene Plätze in der Wohnung/im Haus etablieren.

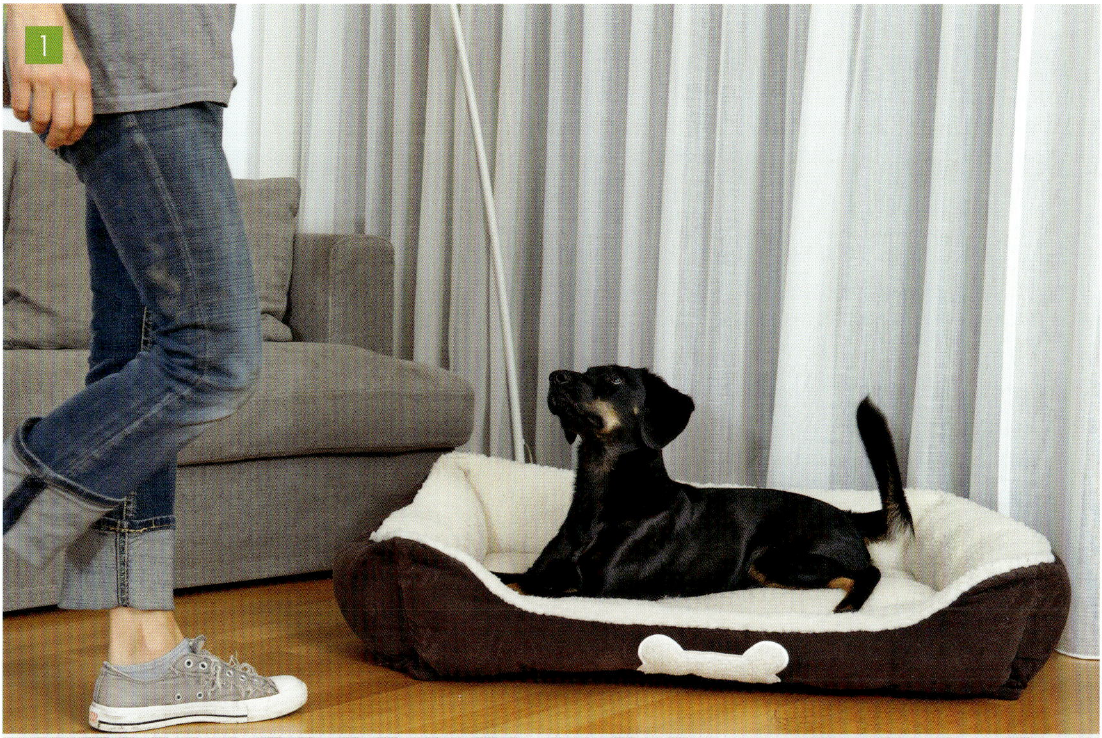
1

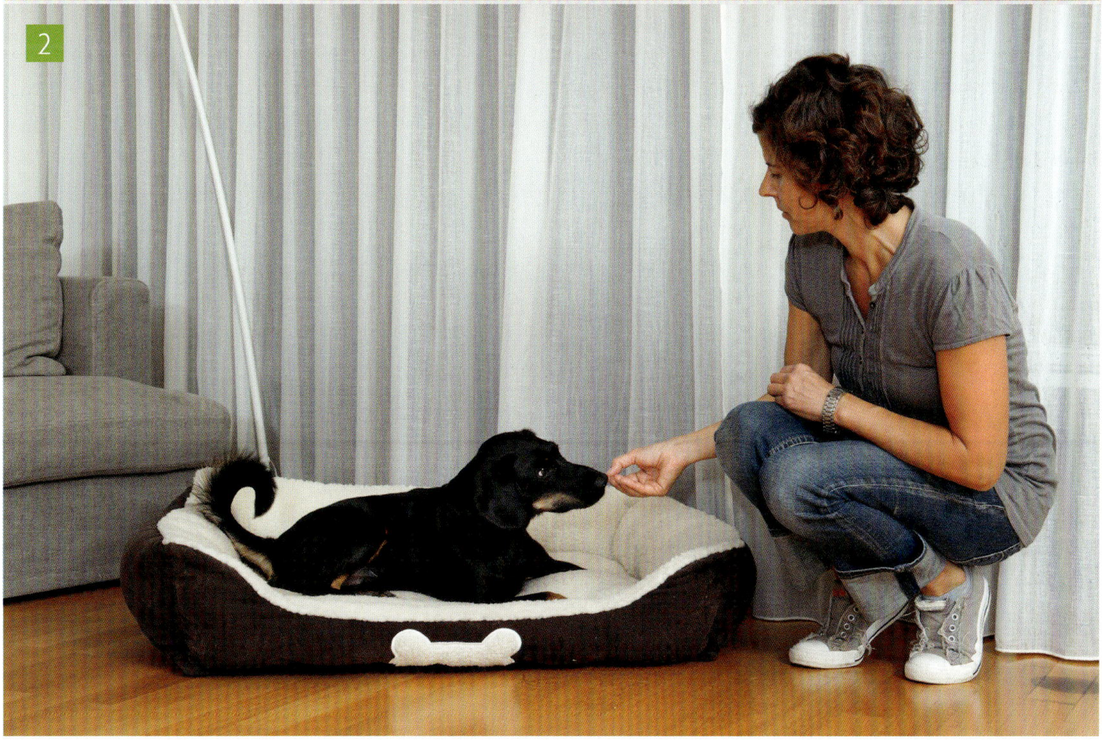
2

Der sichere Platz

Hier geht es darum, für den Hund einen Platz zu etablieren, an dem er sich wohl und sicher fühlt und der im besten Fall zu transportieren ist.

1 Nehmen Sie eine kuschelige Decke.

Führen Sie den Hund mithilfe eines Leckerchens dorthin und geben Sie ihm einige Leckerchen im Sitz oder Platz. Lassen Sie ihn dann wieder gehen und entfernen Sie die Decke. Üben Sie an verschiedenen Stellen und verlängern Sie die Zeit des Aufenthalts auf der Decke. Verstärken Sie Ihren Hund, während er auf der Decke liegt, mit Futter. Ziel ist es, dass sich der Hund von allein auf die Decke legt, sobald diese ausgebreitet wird. Er hat gelernt, dass ihm der Aufenthalt dort ein gutes Gefühl gibt. Jetzt können Sie die Decke überallhin mitnehmen, beispielsweise ins Restaurant, ins Hotel oder zum Tierarzt/zur Tierärztin. Stellen Sie jedoch sicher, dass er auf seinem »sicheren Platz« nicht gestört wird!

Die Box

2 Auch eine feste oder faltbare Hundebox kann zu einem »sicheren Platz« für den Hund werden.

Lassen Sie die Box zunächst einmal in der Wohnung/im Haus stehen und verteilen Sie ein wenig Trockenfutter in ihrer Nähe. In einem nächsten Schritt können Sie einige Leckereien in die Box geben (Achtung: zunächst nahe der Boxentür!), die sich Ihr Vierbeiner herausholen darf. Lassen Sie ihn dort immer wieder Futter suchen, geben Sie ihm dort seinen Kauknochen oder den gefüllten Kong (siehe S. 98). So wird sich Ihr Hund dort schnell gerne aufhalten.

Wenn Sie Ihren Hund daran gewöhnen wollen, in einer geschlossenen Box zu sein (zum Beispiel in Vorbereitung auf eine Flugreise), beginnen Sie damit, wenn er die offene Box kennt. Hält sich Ihr Hund in der Box auf, schließen Sie die Gittertür für einen kurzen Moment und belohnen Sie Ihren Hund durchs Gitter. Verlängern Sie die Zeit des Aufenthalts in kleinen Schritten. Toleriert Ihr Vierbeiner die geschlossene Kiste, ist es Zeit, ihn daran zu gewöhnen, dass diese auch bewegt wird. Beginnen Sie also, vorsichtig an der Box zu rütteln, während sich Ihr Hund dort aufhält. Steigern Sie auch hier die Intensität in kleinen Schritten (praktisch sind dabei Rollen, die unter der Hundebox befestigt werden können).

Mein Tipp

So bringen Sie Ihrem Vierbeiner bei, ein Leckerchen aus der Luft zu fangen: Lassen Sie Ihren Hund vorsitzen und halten Sie ein Goodie in einigem Abstand über seiner Nase. Sagen Sie »Schnapp« und lassen Sie das Leckerchen fallen. Vermutlich wird es Ihrem erstaunten Vierbeiner auf die Nase plumpsen. Wiederholen Sie den Vorgang mehrmals. Durch Zufall wird das eine oder andere Leckerchen tatsächlich im Fang Ihres Hundes landen. Wenn sich die Trefferquote langsam erhöht hat, können Sie dazu übergehen, das Futterstückchen im Bogen zu werfen.

1
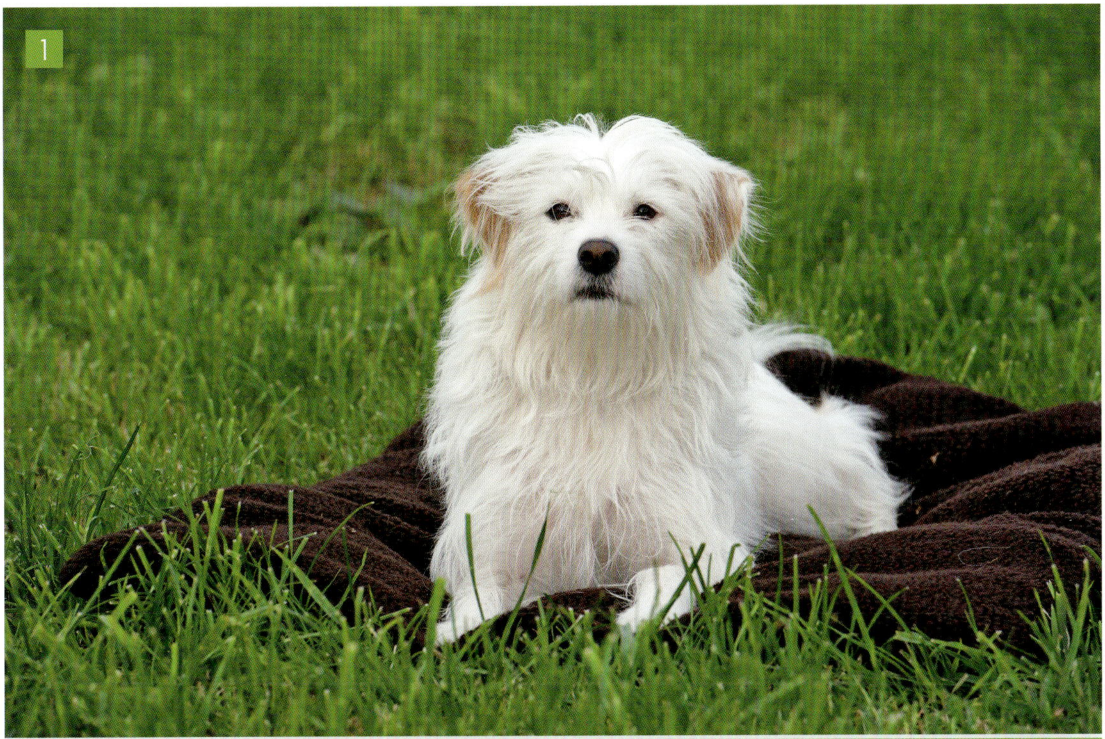

2
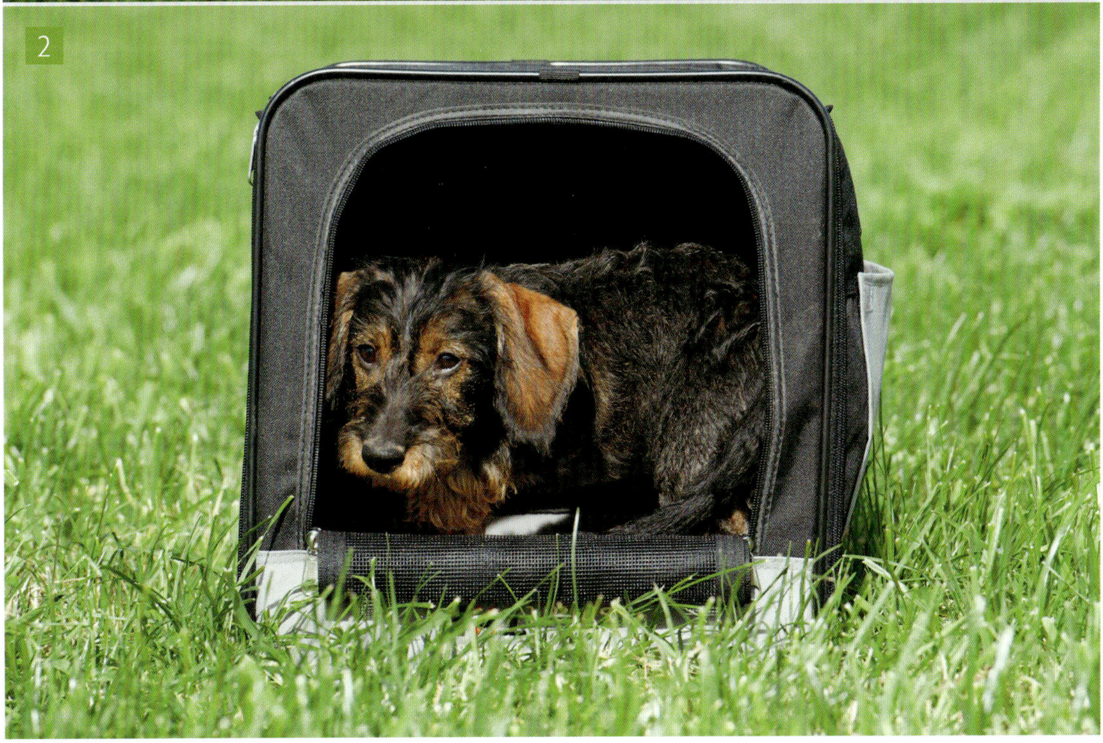

Allein zu Haus

Der Hund ist ein hoch soziales Wesen, das am liebsten mit seinen Sozialpartnern zusammen ist. Allein zu bleiben kann starke Ängste auslösen. Es kann vorkommen, dass Hunde in ihrer Panik ihre Stubenreinheit verlieren, permanent vokalisieren oder die Einrichtung zerstören (siehe Bild 1) und sich dabei selbst verletzen. Man spricht dann von »Trennungsangst«.
Das Alleinbleiben muss von Hunden in kleinen Schritten erlernt werden. Am besten üben Sie, wenn Ihr Hund satt und müde und beispielsweise mit einem Kauknochen beschäftigt ist.

Lassen Sie Ihren Hund für kurze Zeit allein und gehen Sie vor die Zimmer- oder Haustür. Beginnen Sie mit einer Abwesenheit im Sekundenbereich und steigern Sie die Zeit der Abwesenheit in kleinen Schritten.

Ignorieren Sie den Hund, bevor Sie das Zimmer oder das Haus verlassen: Schauen Sie ihn nicht an, sprechen Sie ihn nicht an und fassen Sie ihn nicht an. Ignorieren Sie den Hund ebenfalls, wenn Sie in das Zimmer oder das Haus zurückkehren, auch wenn er sich möglicherweise riesig freut, Sie wiederzusehen. Wenn Sie ihn jetzt loben würden, weil er so brav allein geblieben ist, würden Sie aus Ihrer Rückkehr, die für Ihren Vierbeiner sowieso schon etwas Tolles ist, ein Fest machen!

Vermeiden Sie die Rückkehr zu Ihrem Hund, wenn er jammert. Wählen Sie beim nächsten Üben eine kürzere Zeitspanne des Alleinbleibens. Reagieren Sie auf das Jammern nicht mit Schimpfen oder Trösten. Beides würde das unerwünschte Verhalten vermutlich verstärken, sodass der Hund es in Zukunft öfter zeigen würde.

Lassen Sie Ihren Hund maximal 6 Stunden allein. Sorgen Sie dafür, dass er sich vor einer längeren Phase des Alleinseins ausgiebig körperlich und geistig ausgetobt hat. Auch Langeweile kann dazu beitragen, dass die Wohnungseinrichtung auf den Kopf gestellt wird!

Mein Tipp

Auch wenn Ihr Hund es von zu Hause gewöhnt ist, kann das Alleinsein in einer fremden Umgebung zum Problem werden. Üben Sie dann das Alleinbleiben nochmals im »Schnelldurchlauf«: Gehen Sie vor die Zimmertür, kehren Sie nach wenigen Sekunden zurück, gehen Sie vor die Zimmertür, kehren Sie nach einer Minute zurück …

Das Alleinbleiben im Auto lernen Hunde meist nebenbei, da wir Menschen hier – ohne darüber nachzudenken – alles richtig machen: Wir lassen den Hund im Auto, während wir einen Brief einwerfen, das nächste Mal, während wir Brötchen kaufen … Das heißt, wir steigern die Zeit unserer Abwesenheit in kleinen Schritten und sind dabei meist so in Eile, dass wir unseren Vierbeiner weder verabschieden noch begrüßen.

Trennungsangst kann auch auftreten, wenn ein anderer Sozialpartner zwar vorhanden, die Hauptbezugsperson aber nicht anwesend ist. Sollte Ihr Hund unter Trennungsangst leiden, finden Sie Hilfe bei verhaltensmedizinisch ausgebildeten Tierärzten.

Es kommt Besuch

Ähnlich wie bei der Rückkehr »seiner« Menschen freut sich ein Hund häufig auch, wenn Besuch kommt.

1 Diese Freude zeigt er möglicherweise, indem er den Besuch begeistert anspringt. Für diesen ist dieses Verhalten verständlicherweise nicht angenehm!

Warum zeigen Hunde ein solches Verhalten? Welpen begrüßen im Rudel die Althunde, wenn diese von der Jagd zurückkehren, indem sie ihnen die Maulwinkel lecken. Daraufhin wird von den älteren Vierbeinern Futter für die Kleinen hervorgewürgt. Aus diesem Verhalten mit einem ganz praktischen Hintergrund ist über die Jahrhunderte eine ritualisierte Verhaltensweise entstanden: Vor allem Welpen, aber auch ältere Hunde versuchen, dem Gegenüber das Maul zu lecken, um dieses zu beschwichtigen und ihre gute Absicht kundzutun.

Wenn ein Hund hochspringt, zeigt er damit also ein – aus Hundesicht – sehr freundliches Verhalten. Wenn wir solch einem Verhalten mit aversiven Methoden begegnen (wie dem gerne propagierten Hochziehen des Knies), ist es ein bisschen so, wie wenn uns ein Wesen von einem anderen Stern einen Kinnhaken geben würde, nachdem wir ihm freundlich lächelnd die Hand hingestreckt haben.

Wollen Sie einen Hund hundefreundlich begrüßen, machen Sie sich am besten klein, indem Sie in die Hocke gehen. Wenden Sie den Blick ab und lassen Sie den Vierbeiner erst einmal in Ruhe schnüffeln (zum Beispiel an der Hand, die auf dem Knie liegt,

siehe auch Bild 1 auf Seite 95). Häufig machen wir Menschen nämlich genau das Gegenteil: Wir schauen dem Hund in die Augen, wir beugen uns zu ihm, tätscheln ihm gar den Kopf oder den Rücken – und bedrohen ihn damit (wenn auch unbewusst). So geben wir ihm noch mehr einen Grund, zu beschwichtigen (und eventuell hochzuspringen).

Sie selbst können daran arbeiten, dass Ihr Hund lernt, eine menschenfreundliche Begrüßung zu zeigen:
Ihr Hund darf zunächst mit dem Hochspringen keinen Erfolg haben. Zeigt er das unerwünschte Verhalten, müssen Sie ihn ignorieren: Schauen Sie ihn nicht an, sprechen Sie ihn nicht an und fassen Sie ihn nicht an, sondern drehen Sie sich einfach weg. Damit er nicht »frustriert« ist (schließlich versucht er ja nur, höflich zu sein), überlegen Sie sich ein Alternativverhalten für ihn, das sich lohnt. Wenden Sie sich beispielsweise zu ihm, wenn er sich – statt zu springen – vor Sie hinsetzt. Zeigen Sie ihm, dass Sie das Vorsitzen toll finden, indem Sie ihn – wie immer – loben und belohnen.

Mein Tipp

Konsequenz ist unabdingbar. Hat der Hund mit seinem Hochspringen auch nur gelegentlich Erfolg, wird er das Verhalten immer wieder zeigen. Erfolgreich kann für einen Hund das Verhalten schon sein, wenn ein Mensch »Nein, lass das« sagt und ihn dabei wegschubst.

Lassen Sie Ihren Vierbeiner dabei ruhig ein wenig raten, welches Verhalten zum Erfolg führen könnte. Selbst Erarbeitetes wird tiefer im Gedächtnis verankert! Wie immer gilt es dann allerdings, das Verhalten zu generalisieren. Bitten Sie andere Familienmitglieder, Freunde und Bekannte, mit dem Hund gleichermaßen zu üben.

Nun kann man natürlich nicht von jedem Besucher erwarten, dass er in die Hocke geht, um den Hund zu begrüßen (siehe Bild **1**), den Hund zum Sitzen verleitet oder das Hochspringen korrekt ignoriert. Was also tun?

2 Eine einfache Lösung ist, den Hund anzuleinen und damit unkontrolliertes Verhalten zu verhindern. Die Leine behält man in der linken Hand. Alternativ lässt man sie auf den Boden fallen und fixiert sie so mit dem Fuß, dass der Hund keine Möglichkeit zum Hochspringen hat.

Oftmals ist es hilfreich, dem Hund ein Spielzeug zu geben, an dem er seine Erregung abbauen kann. Viele Hunde lieben es, dieses dann stolz vor dem Besucher herumzutragen (man spricht hier vom sogenannten Imponiertragen). Stellen Sie doch einfach eine Kiste mit Spielsachen am Eingang bereit!

Eine schnelle Lösung kann auch sein, den Hund eine Handvoll Futter auf dem Boden suchen zu lassen, während der Besuch eintritt. Hilfreich ist auch der Einsatz einer Tupperdose, wenn der Hund gut geübt ist: Hunde lernen schnell, sich hinzusetzen, wenn Sie eine mit Futter gefüllte Tupperdose über ihren Kopf halten. Der Hund sitzt, die Dose geht auf und zur Belohnung gibt es ein Leckerchen. Klappt es nicht auf Anhieb, helfen Sie ruhig mit einem Leckerchen in der Hand außerhalb der Dose nach. Damit

das Signal »Tupperdose« auch bei Besuchern funktioniert, heißt es üben, üben, üben und die Tupperdose sozusagen zu generalisieren. Zunächst üben Sie mit Ihrem Vierbeiner, dann alle anderen Familienmitglieder, schließlich bitten Sie Freunde und Bekannte, beim Üben zu helfen. So klappt es dann auch mit einem fremden Handwerker! Die Belohnung muss übrigens nicht mit der Hand gegeben werden, es reicht völlig aus, dem Hund das Leckerchen hinzuwerfen. Vielleicht hat Ihr Vierbeiner aber auch gelernt, ein Leckerchen aus der Luft zu fangen (siehe Tipp S. 88)?

Häufig werden Hunde schon durch das Geräusch der Klingel in eine hohe »Alarmbereitschaft« versetzt, kündigt dies doch im Allgemeinen an, dass jemand zur Tür geht und – hurra! – Besuch kommt. Lassen Sie doch gelegentlich klingeln, ohne dass etwas passiert!

Sollte Ihr Besuch selbst einen Vierbeiner mitbringen, ist es ratsam, dass die erste Begegnung auf neutralem Terrain stattfindet.

3 Machen Sie beispielsweise erst einen kleinen Spaziergang, bevor Sie gemeinsam das Haus betreten.

Zu Hause gilt es dann, alles, was für Ihren Hund eine große Bedeutung hat, wegzuräumen (der Kauknochen, das Lieblingsspielzeug …). Streit entsteht nämlich im Allgemeinen dann, wenn es um eine Ressource geht!

Probleme vermeiden

Wenn wir uns auf das Wesen des Hundes einlassen, seine Bedürfnisse berücksichtigen und versuchen, seine »Sprache« zu verstehen, ist es nicht schwierig, Probleme im Zusammenleben von Zwei- und Vierbeiner zu vermeiden. Der Hund ist ein Meister der Anpassung und auf alle Fälle bereit, das Seine dazu beizutragen!

»Kopfarbeit«

Hunde sind Lebewesen mit unglaublichen Fähigkeiten. Häufig besteht ihr Alltag aber nur daraus, dreimal am Tag die gleiche Runde zu drehen, mit dem Besitzer zu joggen, brav im Büro dabei zu sein oder gar sechs Stunden allein auf das Haus aufzupassen. Ist das langweilig! Und aus Langeweile entsteht oft Problemverhalten. So kann es sein, dass Ihr Vierbeiner – während Sie bei der Arbeit sind – die Wohnungseinrichtung zerlegt (und dies nicht tut, weil er unter Trennungsangst, Seite 90, leidet!), nach der Joggingrunde vor Ihnen steht nach dem Motto »Was tun wir jetzt?«, sich auf dem Spaziergang seine eigene Beschäftigung sucht oder beginnt, zu Hause nach vermeintlichen Fliegen zu schnappen, den eigenen Schwanz zu jagen, an der Pfote zu lecken und Ähnliches.

Achten Sie darauf, dass Sie die grauen Zellen Ihres Hundes beschäftigen; das macht ihn ausgeglichen, zufrieden – und müde!
Arbeiten Sie mit Ihrem Vierbeiner am Gehorsam, bringen Sie ihm Kunststücke bei, lassen Sie ihn auf dem Spaziergang mit der Nase arbeiten und bieten Sie ihm die Dinge an, die im Folgenden beschrieben sind:

Futter erarbeiten

Sie können Ihren Hund wunderbar damit beschäftigen, seine tägliche Ration zu erarbeiten, statt ihm einfach zweimal am Tag eine volle Schüssel zu kredenzen. Dazu ist es hilfreich, wenn Sie zumindest einen Teil der täglichen Ration in Form von Trockenfutter bereithalten.
Eine einfache Methode, um die Zeit zu erhöhen, die der Hund mit der Futteraufnahme verbringt, ist

es, eine Handvoll Trockenfutter auf dem Boden zu verstreuen. Wenn Sie nicht möchten, dass Ihr Hund dabei lernt, nach Essbarem auf dem Boden zu suchen, stellen Sie dies von Anfang an unter Kommandokontrolle.

1 – **2** Verstecken Sie Futter unter Plastikbechern oder in einem der vielen käuflich zu erwerbenden Artikel – in Form von Bällen, Würfeln oder Ähnlichem –, in denen man Futter verstecken kann, das herausfällt, wenn der Hund den Gegenstand über den Fußboden bewegt.

Etwas schwieriger wird es, wenn es sich dabei um eine Art Stehaufmännchen handelt, das der Vierbeiner kippen und drehen muss, um an Leckereien zu gelangen.

3 Auch eine mit Leckerchen gefüllte Petflasche kann für Ihren Hund eine Herausforderung sein.

Von den meisten Hunden geliebt wird der sogenannte Kong. Er ist aus festem, nahezu »unkaputtbarem« Material. In seiner Höhlung lässt sich prima Futter verstecken, das aus der ausreichend großen Öffnung für den Hund zunächst leicht zu erreichen ist. Hat der Hund erst mal verstanden, dass sich im Kong Futter befindet, kann man die Öffnung des gefüllten Kongs mit etwas Essbarem (Leberwurst, Streichkäse, einer gekochten Kartoffel…) verschließen. Ihr Vierbeiner muss nun zunächst ordentlich arbeiten, um an das Trockenfutter zu gelangen, erst recht wenn Sie – bei sommerlichen Temperaturen – das Spielzeug nach Füllung für einige Zeit ins Eisfach gelegt haben.

Knobeleien

Stellen Sie Ihrem Hund Aufgaben, die er lösen muss.

1 Lassen Sie Ihren Hund unter Klötzen eines Hundespielzeuges oder unter Plastikbechern (siehe Bild 1 vorhergehende Seite) nach Leckereien suchen.

2 Verstecken Sie ein Futterstück zwischen zwei ineinandergesteckten Joghurtbechern.

3 Beschäftigen Sie Ihren Hund damit, einen Gegenstand durch ein selbst konstruiertes Labyrinth zu schieben.

Entwickeln Sie Fantasie und lassen Sie sich von Ihrem Vierbeiner überraschen. Allerdings sollten auch hier die Aufgaben immer lösbar sein und sollte der Schwierigkeitsgrad in kleinen Schritten gesteigert werden. Sonst entsteht Frust!

Unterwegs

Neben dem Apportieren und der Verlorensuche, die auf den Seite 78 und 80 beschrieben sind, können Sie Ihren Hund auf dem Spaziergang auch Futter suchen lassen. Nehmen Sie ein Tupperdose und füllen Sie diese mit etwas Leckerem. Bitten Sie einen Helfer, diese in der Nähe in einem abgegrenzten Bereich (zum Beispiel in einer Gruppe von Bäumen) zu »verstecken«. Die Dose darf noch sichtbar sein! Gehen Sie nun mit Ihrem angeleinten Vierbeiner gemeinsam auf die Suche.

Suchen Sie mit Ihren Augen intensiv den Boden ab. Ihr Hund wird es Ihnen gleichtun. Stößt er dabei – mehr oder weniger zufällig – auf die Tupperdose, dürfen Sie jubeln, ihm die Dose öffnen und ihn fressen lassen. Wenn Sie die Übung einige Male wiederholt haben und der Hund zielstrebig auf die Dose zugeht, dürfen Sie sich ein passendes Kommando dazu überlegen. Warum verwenden wir hier eine Tupperdose? Ihr Vierbeiner soll lernen, nach dieser und nicht nach etwas Essbarem zu suchen!

Mein Tipp

Es ist wichtig, die »Arbeit« abwechslungsreich zu gestalten. Das gleiche Spielzeug Tag für Tag wird schnell langweilig.

Die Aufgabe sollte für den Hund anfangs immer leicht zu lösen, bei der Futtersuche das jeweilige Objekt also gut gefüllt sein. So hat Ihr Vierbeiner Erfolg und verliert nicht das Interesse.

Bleiben Sie in der Nähe Ihres Hundes, wenn er mit einer Aufgabe beschäftigt ist, um im Notfall (der Hund zerbeißt die Petflasche und beginnt, das Plastik zu essen; der Snackball rollt unter einen Schrank und der Hund versucht verzweifelt und lautstark, daran zu gelangen) eingreifen zu können.

Anfassen, Körperpflege, Geschirr anziehen

Viele Dinge, die für uns Menschen selbstverständlich sind, sind aus Hundesicht ungewohnt und unangenehm, sei es das Abwischen der Pfoten, das Bürsten oder das Anziehen des Geschirrs. Häufig werden diese Dinge für den Hund noch unangenehmer, da wir Menschen dabei – unbewusst – eine für den Hund bedrohliche Körperhaltung einnehmen. Um zu vermeiden, dass sich aus diesem Umstand ein tatsächliches Problem entwickelt, gilt es, den Vierbeiner gezielt an die menschlichen Handgriffe zu gewöhnen.

Nehmen Sie beim Üben für den Hund eine unbedrohliche Körperhaltung ein, indem Sie in die Hocke gehen. Vermeiden Sie es, sich über den Hund zu stellen oder über ihn zu greifen. Belegen Sie die Körperkontakte positiv, indem Sie mit der einen Hand die Handgriffe ausüben und aus der anderen Hand in dieser Zeit etwas Leckeres füttern.

1 Üben Sie so gezielt das Bürsten des Hundes, das Abwischen der Pfoten sowie bestimmte Griffe, die häufig bei der tierärztlichen Untersuchung ausgeführt werden: Schauen Sie in die Ohren, fassen Sie an die Rute und ziehen Sie eine Hautfalte auf.

Gehen Sie gleichermaßen vor, wenn Sie Ihrem Hund das Geschirr anziehen.

2 Auf das »überfallsartige« Anziehen des Geschirrs reagiert der Hund panisch.

3 Bieten Sie ein Leckerchen an, sodass der Hund von sich aus den Kopf durch die Halsung steckt, und schließen Sie erst dann vorsichtig die seitlichen Verschlüsse, wobei Sie es vermeiden, über den Hund zu greifen.

Der Schnauzengriff

Der Schnauzengriff wird gerne als ein Mittel der Hundeerziehung angepriesen, um unerwünschtes Verhalten des Hundes zu unterbinden. Er leitet sich davon ab, dass eine Mutterhündin ihrem Nachwuchs mit dem Maul kurz über die Schnauze greift, um ihn zu maßregeln. Die Idee ist eigentlich keine schlechte. Der Mensch versucht, vom Hund eine Verhaltensweise zu kopieren und sie gleichermaßen einzusetzen.

Allerdings gibt es dabei zwei Probleme. Zum einen sind wir Menschen nicht in der Lage, diese Maßnahme so subtil und gezielt anzuwenden, wie es die Hündin tut. Zum anderen wird der Hund die Annäherung einer menschlichen Hand an sein Gesicht als unangenehm empfinden und eventuell aggressiv reagieren. Denken wir an das Zähneputzen, die Verabreichung von Tabletten oder die Inspektion der Maulhöhle beim Tierarzt, merken wir, dass diese negative Assoziation im Alltag Probleme bereiten wird. Also ist es doch eine viel bessere Idee, den Griff über die Schnauze des Hundes positiv zu belegen, oder?

4 Gehen Sie beim Üben wie folgt vor: Bilden Sie mit Ihrer linken Hand ein kleines Dach und bieten Sie Futter aus der rechten Hand so an, dass der Hund mit seiner Schnauze zum Fressen unter das Dach gelangt.

Üben Sie wiederholt, bis Sie das Gefühl haben, dass Ihr Vierbeiner die Übung gerne macht. Dann können Sie dazu übergehen, mit Ihrer linken Hand vorsichtig die Lefzen hochzuziehen, schließlich auch das Zahnfleisch zu massieren.

»Gib Pfote«

Das Geben der Pfote ist ein tolles Kunststück. Dass Ihr Vierbeiner dieses erlernt, hat durchaus auch eine praktische Komponente. Stellen Sie sich vor, er hat sich an der Pfote verletzt und die Tierärztin muss diese untersuchen und entsprechend versorgen. Hat er im Vorfeld gelernt, dass jemand die Pfote festhält, kann er dies beim Tierarzt leichter tolerieren.

Übungsaufbau

1 Hocken Sie sich vor Ihren sitzenden Hund und halten Sie in Ihrer verschlossenen Faust ein Leckerchen auf Höhe seiner Brust. Sie dürfen ihm das Goodie ruhig zeigen, indem Sie die Faust öffnen und wieder schließen. Ihr Vierbeiner wird versuchen, mit der Pfote an das Futter heranzukommen. In dem Moment, in dem er die Pfote hebt, öffnen Sie Ihre Faust und geben Sie die Belohnung frei. Damit ist Ihr Timing perfekt. Sie belohnen Ihren Hund genau dann, wenn er das erwünschte Verhalten zeigt. Gehen Sie wie immer zügig von der Bestechung dazu über, dass Sie Ihren Vierbeiner aus der anderen Hand belohnen.

Modifikationen

2 Legen Sie fest, welche Pfote gegeben werden soll. Verlangen Sie zum Beispiel, dass es immer die gegenüberliegende sein soll (wenn Sie die rechte Hand geben, soll sich die linke Pfote des Hundes heben und umgekehrt). Warten Sie einfach ab, bis die jeweils richtige Pfote gehoben wird. Hat der Hund damit Schwierigkeiten, können Sie ihm eine kleine Hilfestellung geben, indem Sie Ihre Faust waagerecht so bewegen, dass sich aufgrund der nötigen Gewichtsverlagerung das gewünschte Bein vom Boden heben muss. Können Sie das Verhalten zuverlässig abrufen, setzen Sie vor Ihre Handbewegung ein Wortkommando. Achtung: Pro Seite muss ein eigenes Kommando verwendet werden (zum Beispiel »Grüß Gott« und »Servus«).

3 Wenn der Hund die Pfote gibt, halten Sie sie für einige Momente in der Hand fest, während Sie ihn aus der anderen Hand gleichzeitig belohnen. Steigern Sie in kleinen Schritten die Zeit, während deren Sie die Pfote festhalten, und beginnen Sie vorsichtig, die Pfote zu »untersuchen« oder sie mit einem Tuch zu säubern.

Mein Tipp

Was tun, wenn es nicht funktioniert? Variieren Sie die Höhe, in der Sie das Leckerchen halten. Belohnen Sie schon, wenn sich eine Pfote nur ansatzweise anhebt. Wenn Ihr Hund gar keine Anstalten macht, ein Bein vom Boden zu lösen, bewegen Sie Ihre geschlossene Faust auf Brusthöhe des sitzenden Hundes langsam waagerecht hin und her. So muss er sein Gewicht von zwei Beinen auf eines verlagern. Belohnen Sie dann schon die Gewichtsverlagerung und steigern Sie Ihre Ansprüche in kleinen Schritten.

Richtig Spielen mit dem Hund

Spielen ist ein wichtiges Mittel, um eine gute und vertrauensvolle Beziehung zwischen Mensch und Hund herzustellen. Nichtsdestoweniger ist es wichtig, einige Regeln dabei zu beachten.

Die wichtigste Regel lautet: Beenden Sie das Spiel mit Ihrem Vierbeiner, wenn es zu wild wird! Brechen Sie kommentarlos ab und beachten Sie Ihren Hund für einige Zeit nicht. Besser noch ist es, ein Spiel zu beenden, bevor es »kippt«, und dem Hund etwas zu geben, womit er sich ruhig beschäftigen kann. Führen Sie ihn beispielsweise zu seinem Platz und geben Sie ihm einen geeigneten Kauknochen.

Bedenken Sie auch, welche hündische Verhaltensweise Sie mit einem Spiel verstärken. Zum Beispiel trainiert das beliebte Bällchenwerfen einen Teil des Jagdverhaltens, das Spiel mit dem Quietschie imitiert das Töten von Beute (weshalb Quietschies als Spielzeuge nicht geeignet sind, sich aber zum Aufbau eines Superwortes gut verwenden lassen).

1–**2** Achten Sie darauf, dass Sie dem Hund nicht hinterherrennen, wenn er etwas ausgeben soll. Verfolgungsjagden sind für alle Hunde – auch untereinander – ein beliebtes Spiel.

Behalten Sie beim Spiel stets die Kontrolle. Das heißt, üben Sie das Ausgeben von Spielzeug, lassen Sie den Hund absitzen, bevor Sie den Ball werfen, beginnen und beenden Sie eine Spieleinheit.

Das Zergeln

Auch das »Zergeln« ist ein beliebtes Spiel zwischen Hunden oder auch Hunden und ihren Menschen.

Entgegen landläufiger Meinung wird dadurch nicht die Rangordnung getestet. Für eher ängstliche Hunde kann es sogar durchaus hilfreich sein, beim Spiel auch mal zu gewinnen. Wie immer ist es jedoch wichtig, dass Sie die Kontrolle behalten und Ihr Hund das Zergelobjekt auf Ihr Kommando hin ausgibt: Halten Sie beim Zergeln einfach einen Moment inne, und präsentieren Sie Ihr Austauschobjekt. Lässt der Hund los, bekommt er seinen Austausch und das Spiel darf von Neuem beginnen.

3 Für manche Hunde ist allerdings auch das unbewegliche Festhalten noch Motivation genug, den Gegenstand nicht herzugeben. Lassen Sie ihn jedoch los, ist für den Hund das Spiel vorbei. Sie können nun Ihren Austausch anbieten, um wieder in den Besitz des Zergelobjektes zu gelangen.

Das Ballspiel

Wie oben beschrieben, imitiert das Spiel mit dem Ball einen Teil des Jagdverhaltens, rennt der Hund doch hinter einem sich schnell bewegenden Objekt her. Sie dürfen dieses Spiel mit Ihrem Vierbeiner gerne spielen, dies sollte jedoch kontrolliert ablaufen. Lassen Sie Ihren Hund absitzen, bevor Sie einen Ball werfen. Er darf erst auf Ihr Freizeichen hin aufstehen. Erschweren Sie diese Übung in kleinen Schritten: Spielen Sie mit dem Ball, während der Hund sitzt, deuten Sie einen Ballwurf an (Bild 3, Seite 39), legen Sie den Ball auf den Boden, lassen Sie den Ball fallen, werfen Sie ihn ein kleines Stück weit … Meisterhaft ist es, wenn Ihr Hund sitzen bleibt, während Sie den Ball weit weg werfen, sich dann auf Ihr Kommando erst noch ins Platz ablegt, um dann auf Ihr Freizeichen hin zum Ball zu laufen und ihn zu apportieren.

Mein Tipp

Beachten Sie, dass Tennisbälle für Hunde ungeeignet sind, da die an der Oberfläche enthaltenen Fasern die Hundezähne abraspeln. Beim Spiel mit Stöcken besteht ein vergleichsweise hohes Verletzungsrisiko durch Splitter in der Maulhöhle, auch kommt es immer wieder zu Pfählungswunden, wenn der Hund in die Flugbahn eines geworfenen Stockes läuft.

Eine gute Idee ist es auch, den Vierbeiner seinen Ball suchen zu lassen. Lassen Sie Ihren Hund in der Küche warten und legen Sie den Ball vor der Küche gut sichtbar in den Flur. Wenn Sie die Küchentür öffnen, wird der Hund sicherlich zu seinem Ball laufen. Sie dürfen jubeln und ihn belohnen. Variieren Sie die Lage des Balles und erweitern Sie langsam – Zimmer um Zimmer – das Suchgebiet. Der Ball lässt sich natürlich auch durch jedes andere Lieblingsspielzeug ersetzen!

Das Ausgeben

Der häufigste Fehler, den wir Menschen begehen, wenn wir etwas haben wollen, was der Hund im Maul hat, ist, dem Hund hinterherzurennen, um ihm die »Beute« abzujagen. Für Ihren Hund ist das ein großartiges Spiel, das Hunde untereinander sehr gerne und ausgiebig spielen (Bild 1 und 2, S. 107). Zudem bekommt der Gegenstand, den Ihr Vierbeiner gerade hat, eine noch größere Bedeutung!

1 Üben Sie das Ausgeben eines Spielzeugs oder eines anderen Gegenstandes mittels eines Leckerchens, das Sie Ihrem Hund zum Tausch auf der geöffneten Hand anbieten.

Lässt er den Gegenstand fallen, belohnen Sie ihn sofort. Nachdem Sie dies einige Male geübt haben und ihr Hund zuverlässig reagiert, können Sie ein Kommando (»Aus«) in dem Moment hinzufügen, in dem Ihr Hund das Maul öffnet und der Gegenstand herausfällt. Später geben Sie das Kommando (»Aus«), kurz bevor Sie das Austauschleckerchen präsentieren. Funktioniert dies problemlos, können Sie dazu übergehen, Ihren Hund nur noch gelegentlich für das Ausgeben eines Gegenstandes zu belohnen.

2 Sie können als Austausch natürlich auch ein Spielzeug präsentieren.

Wichtig ist nur, dass der Hund motiviert ist, dafür seine Beute herzugeben. Denken Sie daran, dass sich der Hund bei konkurrierenden Motivationen für die Handlung entscheiden wird, die ihm die größere Belohnung bietet. Dies bedeutet, dass Ihr Austausch für den Hund auch wirklich etwas Tolles darstellen muss!

Hat Ihr Vierbeiner etwas erbeutet (die neuen Schuhe, einen toten Maulwurf …), das Sie unbedingt unbeschadet wiederhaben möchten, bevor er es zerlegt oder verschluckt, hocken Sie sich hin und zeigen Sie sich interessiert. Ihr Hund wird mit hoher Wahrscheinlichkeit zu Ihnen kommen, um stolz seine Beute zu präsentieren. Lassen Sie sich diese dann gegen etwas wirklich Leckeres oder Interessantes wie oben beschrieben ausgeben. Kommt Ihr Vierbeiner in einer solchen Situation nicht zu Ihnen, drehen Sie sich vom Hund weg und »suchen« Sie geschäftig etwas am Boden. Vielleicht produzieren Sie zusätzlich noch ein raschelndes Geräusch? Die Neugier treibt Ihren Hund mit hoher Wahrscheinlichkeit zu Ihnen.

Signale richtig deuten

Wie wir bereits gelernt haben, kommunizieren Hunde zu einem großen Teil mittels ihrer Körpersprache. Um Probleme zu vermeiden, ist es wichtig, dass wir Menschen erkennen, welche Signale uns Hunde geben, wenn sie sich unwohl fühlen, gestresst sind oder Angst haben.

Wenn Ihr Vierbeiner wiederholt gähnt, ist er vielleicht gar nicht müde, sondern gestresst! Auch Hecheln dient nicht immer der Temperaturregulation, sondern kann Stress signalisieren.

Hunde versuchen im Allgemeinen Auseinandersetzungen zu vermeiden. Eine einfache Strategie ist dabei das Weggehen aus einer konfliktreichen Situation. Gerade das lassen wir Menschen häufig jedoch nicht zu. In solch einer Situation muss der Hund eine andere Konfliktlösung finden.

1—**2** Fühlt er sich bedroht, wird er versuchen zu beschwichtigen: Er wird den Blick abwenden und sich über das Maul lecken, die Ohren anlegen und sich klein machen – von uns Menschen gerne interpretiert als das sogenannte schlechte Gewissen.

Wir nehmen an, dass unser Vierbeiner genau weiß, was er getan hat. Dem ist allerdings nicht so. Der Hund erkennt zwar, dass sein Mensch wütend ist, er weiß allerdings nicht, warum! Nun versucht er ihm auf Hundeart zu sagen: »Bitte tu mir nichts!« Bestraft man den Hund in dieser Situation, zerstört man seinen Glauben an die Hund-Mensch-Beziehung sowie sein Vertrauen, dass er mit beschwichtigenden Gesten eine Auseinandersetzung abwen-

den kann. Gegenüber Artgenossen hätte ein solches Verhalten im Allgemeinen nämlich den gewünschten Effekt.

Was wird geschehen? Wenn eine Flucht nicht möglich ist und Beschwichtigen nicht weiterhilft, bleibt eigentlich nur noch der Angriff! Der Hund wird zunächst versuchen, durch Bellen und Knurren die Distanz zu vergrößern (Achtung: Gebellt wird natürlich auch in anderen Kontexten!).

3 Knurren – egal ob in defensiven oder offensivem Kontext wie auf dem Bild gezeigt – lässt sich am besten übersetzen mit: »Geh weg!«

Diese Aufforderung ist durchaus ernst zu nehmen! Wird nämlich daraufhin der Abstand nicht vergrößert oder gar verringert, wird der Hund dazu übergehen, zu schnappen und schließlich zu beißen. Diese abgestufte Form des Drohverhaltens gibt es im Grunde genommen bei jedem Hund, wie schnell die Stufen erklommen werden (vom Bellen zum Beißen), ist allerdings individuell unterschiedlich – von Genen, Erfahrungen und Umständen geprägt.

Was also tun, wenn ein fremder Hund oder gar Ihr Vierbeiner Sie anknurrt? Entfernen Sie sich langsam mit abgewandtem Blick und holen Sie sich Rat bei einem entsprechend ausgebildeten Experten. Wenn Sie Ihren Hund in solch einer Situation bestrafen (es gehört sich ja sozusagen nicht, dass er Sie anknurrt), lernt Ihr Vierbeiner nur, dass Sie sein Distanzierungssignal nicht verstehen. Bei der nächsten vergleichbaren Situation wird er dann, anstatt zu knurren, möglicherweise gleich schnappen.

Richtig reagieren

Auch in anderen Situationen ist es wichtig, so zu reagieren, dass ein unerwünschtes Verhalten in der Zukunft seltener und nicht häufiger gezeigt wird. Ein wichtiger Pfeiler ist dabei das Ignorieren einer vom Hund gezeigten Handlung. Korrektes Ignorieren bedeutet: Wir dürfen unseren Vierbeiner nicht ansehen, nicht anfassen und nicht anschauen. Dabei dürfen Sie ruhig »aktiv« werden und sich beispielsweise von Ihrem am Tisch bettelnden oder an Ihnen hochspringenden Hund bewusst wegdrehen.

Aufmerksamkeit ist für Hunde ein hohes Gut, und häufig verstärken wir mit unseren Reaktionen unseren Hund unbewusst, indem wir ihn beispielsweise »strafend« ansehen, »tadelnd« seinen Namen sagen oder ihn mit den Händen vom Sofa schubsen. Damit »lohnt« sich aber das eigentlich unerwünschte Verhalten für unseren Vierbeiner, und er wird es in der Zukunft häufiger statt seltener zeigen. Umgekehrt nehmen wir erwünschtes Verhalten oft als selbstverständlich hin und beachten unseren Hund nicht, wenn er sich korrekt verhält (und zum Beispiel brav in seinem Körbchen liegt). So strafen wir ihn – und letztlich uns selbst! – durch Nichtbeachtung, und er wird das eigentlich erwünschte Verhalten in der Zukunft seltener zeigen.

Schauen wir uns das richtige Reagieren am Beispiel der Leinenaggression einmal genauer an.

1 Das Foto zeigt die typische Situation, dass der Hund an der Leine aggressiv auf unangeleinte Artgenossen reagiert, wobei er durchaus sozial verträglich sein kann.

Dass Hunde an der Leine Artgenossen ankeifen, ist ein häufiges Verhaltensproblem. Es entsteht zunächst aus Frust oder Angst (der Angriff als Strategie, da eine Flucht nicht möglich ist), wird dann aber von uns Menschen unbewusst verstärkt, indem wir den Hund versuchen zu beruhigen (= Verstärkung), ihn schimpfen (»Herrchen/Frauchen bellt mit!«) oder gar mit Leinenruck, Würgehalsbändern oder Wassersprayern arbeiten. Die letztgenannten Maßnahmen führen übrigens nur dazu, das Verhalten zu verschlimmern, geben sie dem sowieso schon frustrierten oder verängstigten Hund doch zusätzlich ein schlechtes Gefühl!

Was also tun? Wie oben beschrieben ist hier sicherlich das Ignorieren die richtige Strategie. Gehen Sie mit Ihrem tobenden Hund also weiter, als ob nichts geschehen wäre!

Damit ist jedoch Ihr Problem noch nicht gelöst, denn jedes Mal, wenn Ihr Vierbeiner das Verhalten zeigt, trainiert er es auch. Es gilt also, ein Alternativverhalten aufzutrainieren, das mit der unerwünschten Verhaltensweise nicht vereinbar ist. Wie wäre es denn, wenn Ihr Hund lernen würde, Blickkontakt zu Ihnen aufzunehmen, sobald er einen anderen Hund sieht (siehe S. 40). Auch könnte er lernen, einen Gegenstand zu tragen, sodass er nicht mehr in der Lage ist, Radau zu machen. Hilfreich ist auch der Einsatz eines Kopfhalfters, um den Fokus des Hundes sanft auf etwas anderes zu lenken.

Mein Tipp

Rennt Ihr Hund freudig auf Sie zu und die befahrene Straße befindet sich zwischen Ihnen beiden, deuten Sie einen Ballwurf gegen die Laufrichtung Ihres Hundes an und rennen Sie auf ihn zu!

Legen Sie sich für den Notfall einen »Plan« zurecht und gehen Sie diesen in Gedanken immer mal wieder durch.

Nehmen wir das Beispiel, dass Ihr Hund einem Ball hinterherläuft, der in Richtung einer vielbefahrenen Straße rollt. Es gibt mehrere Möglichkeiten, wie Sie Ihren Vierbeiner zum Verhaltensabbruch bewegen können: ein gut trainierter Abruf, das Kommando »Kehrt«, das Verhaltensabbruchsignal »Off« und schließlich das Superwort. Bedenken Sie, dass Verhalten nur im Ansatz unterbrochen werden kann! Wählen Sie also zügig ein der Situation angemessenes Kommando (und schreien Sie nicht nur verzweifelt den Namen Ihres Hundes – dies ist schließlich für ihn kein Kommando, sondern bestenfalls eine Anfeuerung).

Ist Ihr Vierbeiner an Bällen nur mittelmäßig interessiert, reicht vielleicht das »Off«, bei einem Ballfetischisten muss es sicherlich das Superwort sein! Klappt ein Kommando nicht, setzen Sie sofort ein anderes ein. Mit der Zeit werden Sie lernen, wann für Ihren Hund welches Signal die beste Wahl ist.

Hilfe, mein Hund jagt!

Im Grunde seines Herzens ist jeder Hund ein Jäger. Was die Evolution über Tausende von Jahren bewirkt hat, kann die menschliche Zuchtauswahl innerhalb weniger Jahrhunderte nicht löschen. Dennoch ist der Jagdtrieb bei den unterschiedlichen Rassen durchaus unterschiedlich ausgeprägt und am wenigsten wohl bei den sogenannten Toy-Rassen (zu denen zum Beispiel die Havaneser oder Malteser gehören) vorhanden. Bei anderen Rassen wurde bewusst auf bestimmte Sequenzen der Handlungskette »Jagd« selektiert. Die Retriever zum Beispiel sind Spezialisten

im Zurückbringen von Beute und haben meist einen sogenannten weichen Fang, das heißt, sie nehmen das zu apportierende Gut sehr vorsichtig zwischen die Zähne. Bluthunde sind hervorragende Fährtensucher, Rassen wie beispielsweise die Pointer sind auf das Vorstehen spezialisiert. Auch das Hüteverhalten der beliebten und arbeitswütigen Border Collies leitet sich aus dem Jagdverhalten ab. Auf Bild 1 sehen wir einen Münsterländer, einen ausgesprochenen Jagdspezialisten, in Aktion.

Den Jagdtrieb eines Hundes kann man nicht löschen. Das Ziel sollte sein, das Jagen zu kontrollieren. Egal, welcher Rasse (oder auch nicht) Ihr Vierbeiner ist: Am wichtigsten ist es, den eigenen Hund gut kennenzulernen. Welche Situation oder welcher Stimulus löst das Jagdverhalten aus? Was sind die ersten für den Zweibeiner bemerkbaren Anzeichen beim Hund?

Wenn man aufmerksam spazieren geht und dann auch noch gut mit seinem Vierbeiner geübt hat, kann man rechtzeitig eingreifen (mit »Off«, dem Abruf, dem Superwort), bevor der Hund verschwunden ist. Oftmals können Auslöser auch ganz einfach gemieden werden, indem man beispielsweise in der Dämmerung nicht am Waldrand, wo Wild äsen könnte, spazieren geht. Mit anderen Stimuli kann man gezielt trainieren. Zum Beispiel kann an Gehegewild erwünschtes Verhalten geübt werden (»Schau mich an, wenn du Wild erblickst«). Übrigens ist es immer ratsam, einen jagdlich hoch motivierten Hund auf dem Spaziergang sinnvoll zu beschäftigen und geistig auszulasten!

Der Maulkorb

Es ist sinnvoll für jeden Hundebesitzer, dem vierbeinigen Freund einen Maulkorb aufzutrainieren. Als Halter sind Sie verpflichtet, Ihren Hund in Bahn und Taxi ab einer gewissen Größe mit Maulkorb und Leine zu führen. Auch wird in einigen Urlaubsländern das Mitführen und gegebenenfalls Tragen eines Maulkorbs verlangt. Auch Ihr Tierarzt/Ihre Tierärztin wird Ihnen dankbar sein, wenn Ihr Hund Probleme mit den tierärztlichen Handgriffen hat (was wir allerdings vermeiden möchten, siehe S. 102), das Tragen »seines« Maulkorbs aber gewöhnt ist. Ansonsten müsste er möglicherweise die häufig verwendeten Nylonschlaufen ertragen, die dem Hund die Schnauze zwar verschließen, ihm aber dabei nicht einmal das Hecheln ermöglichen. Beim Tierarzt ist der kurzfristige Einsatz einer solchen Maulbinde noch tolerabel, im täglichen oder längeren Gebrauch hat sie jedoch nichts verloren!

Nicht nur aus gesetzlicher Verpflichtung oder zum Schutz vor Bissen kann das Tragen eines Maulkorbs Sinn machen; manchen Hunden, die dazu neigen, alles zu fressen, was sie finden, kann ein Maulkorb die nächste Operation oder gar die Folgen einer Vergiftung ersparen.

Maulkörbe, die zwar verhindern, dass der Hund beißen oder fressen kann, ihm jedoch das Hecheln (zur Temperaturregulierung und bei Stress) und Trinken ermöglichen, haben eine Korbform. Sie sind aus Metall, Leder oder Plastik. Letztere sind besonders einfach zu reinigen und angenehm zu tragen. Kopfhalfter (siehe Seite 70) haben übrigens nicht die Funktion eines Maulkorbes, das heißt, sie verhindern das Schnappen oder Beißen nicht.

Die Gewöhnung

1 Haben Sie einen geeigneten und gut passenden Maulkorb erstanden, gewöhnen Sie Ihren Hund in kleinen Schritten daran. Er soll den Maulkorb gerne und selbstverständlich tragen. Verwenden Sie für die Gewöhnung etwas besonders Leckeres und lassen Sie sich dabei viel Zeit. Legen Sie den Maulkorb zunächst immer mal wieder auf den Boden und lassen Sie Ihren Hund dort einige Leckereien suchen.

2 Nach einigen Tagen lassen Sie Ihren Vierbeiner immer wieder etwas Leberwurst aus dem Maulkorb schlecken.

3 In einem nächsten Schritt können Sie beginnen, den Maulkorb hinten zu verschließen. Das Band im Nacken sollte zunächst noch ganz locker sein. Der Verschluss wird nach wenigen Sekunden wieder geöffnet. Füttern Sie Hundeleberwurst aus der Tube durchs Gitter.

Steigern Sie die Zeit, die Ihr Vierbeiner den Maulkorb trägt, in sehr kleinen Schritten. Verbinden Sie in der Gewöhnungsphase stets das Tragen des Maulkorbs mit etwas Angenehmen, zum Beispiel mit einer Schmusestunde oder einer Schnüffelrunde. Jetzt können Sie den Verschluss enger machen.

Versucht Ihr Hund, den Maulkorb mit der Pfote abzustreifen, sind Sie zu schnell vorgegangen! Gehen Sie mit Ihrem Trainingsplan wieder einige Schritte zurück.

Kinder und Hunde – die besten Freunde?!

Dies ist ein gefährlicher Irrtum, schreibt Jean Donaldson in ihrem Buch »Hunde sind anders…«. Verschiedenen Studien zeigen, dass vor allem Kinder Opfer von Hundebissen werden. Die »Täter« sind dabei meist bekannte Vierbeiner oder der Familienhund.

Warum ist das so? Ein Grund ist, dass Kinder mit ihrem Verhalten (schnelles Weglaufen, hohes Quietschen) bei Hunden Jagdverhalten auslösen können. Zum anderen machen Kinder oft Dinge, die für Hunde eine bedrohliche Geste darstellen. Sie starren ihm in die Augen (Bild **1**), sie ziehen ihn am Halsband, sie umarmen ihn (siehe Bild 1 nächste Seite) oder fügen ihm unbewusst Schmerzen zu.

2–**3** Fühlt sich ein Hund in einer Situation unwohl, wird er zunächst versuchen, zu beschwichtigen und sich zu entfernen (auch Bild 2 nächste Seite).

Ist das nicht möglich, wird er möglicherweise durch Knurren probieren, eine Distanz herzustellen. Erst wenn er damit keinen Erfolg hat, kann es dazu kommen, dass er schnappt oder beißt. Kinder sind aber nicht in der Lage, die Signale, die ein Hund gibt, bevor es zum Beißvorfall kommt, zu »lesen«. Zur Vermeidung von Hundebissen ist es daher wichtig, dass Eltern Hunde und Kinder nicht unbeaufsichtigt lassen. Aufsichtspersonen müssen in der Lage sind, Stress- und Warnsignale von Hunden zu deuten und entsprechend frühzeitig einzugreifen. In Gefahrensituationen ist die Entschärfung der Lage oberstes Gebot. So ist es unter Umständen besser, mit der Futterschachtel zu klappern und den Hund so wegzulocken. Ein scharfes Zurechtweisen des Hundes kann dagegen dazu führen, eine Situation zu verschlimmern.

Was können Kinder tun?

Hier sind einige »Regeln«, die Sie Ihrem Kind vermitteln können, um Beißunfälle zu vermeiden: Auf Seite 95, Bild 1, ist zu sehen, wie man einem Hund auf hundefreundliche Art »guten Tag« sagt.

Hunde mögen es nicht, wenn man sich über sie beugt oder stellt, sie am Halsband zieht, sie umarmt oder ihnen in die Augen starrt. Ihr Kind sollte den Hund weggehen lassen, wenn er will, und ihn nicht festhalten (siehe Bilder 1–2 Seite 121).

Hunde möchten nicht beim Fressen, beim Schlafen oder auf ihrem »sicheren Platz« gestört werden. Manche Hunde mögen es nicht, wenn man ihnen den Knochen oder das Lieblingsspielzeug wegnimmt.

Ihr Kind sollte das Spiel mit dem Hund beenden, wenn es ihm zu wild wird. Bringen Sie Ihr Kind dazu, wegzugehen, den Hund für einige Zeit nicht mehr zu beachten, ihn nicht anzusehen, anzusprechen oder anzufassen.

Tiere empfinden Schmerzen genau wie wir Menschen. Machen Sie Ihr Kind darauf aufmerksam, Hunden und anderen Tieren keine Schmerzen zuzufügen! Ihr Kind sollte bedenken, dass auch ein Hund mal »schlechte Laune« haben kann. Vielleicht hat er Schmerzen, fühlt sich unwohl, ist krank oder Ähnliches. Bringen Sie Ihrem Kind bei, wegzugehen und mit einem Erwachsenen zu sprechen, wenn ein Hund es anknurrt.

Ihr Kind darf niemals eingreifen, wenn zwei Hunde miteinander spielen oder sich streiten!

Was können Eltern tun?

Beachten Sie die Aufsichtspflicht und lassen Sie Kinder bis zu einem Alter von mindestens 7 Jahren (besser mehr!) nie mit einem Hund allein!

Üben Sie mit Ihrem Kind die »Hunderegeln« und das richtige Verhalten gegenüber Hunden regelmäßig. Erklären Sie z. B., dass Hunde nicht umarmt werden möchten (Bild 1 und 2). Dazu stehen geeignete Lehrmaterialien zur Verfügung. Eine Gruppe von Tierärzten, Psychologen und Pädagogen hat ein Computerspiel entwickelt, bei dem Kinder die Hunderegeln spielerisch kennenlernen (www.thebluedog.org).

Denken Sie daran, dass Besuchskinder den artgerechten Umgang mit einem Hund möglicherweise nicht gewöhnt sind!

Zeigen Sie Ihrem Kind einfache Übungen, die es mit dem Hund machen kann, zum Beispiel das »Sitz« oder »Platz« oder das Springen durch einen Reifen (Bild 3 und 4).

Lassen Sie Ihr Kind erzählen und beobachten Sie Ihren Hund genau! Nehmen Sie Warnsignale (der Hund knurrt das Kind an oder schnappt, oder das Kind erzählt, dass der Hund geknurrt oder geschnappt hat) ernst. Nehmen Sie gegebenenfalls professionelle Hilfe in Anspruch!

Bieten Sie Ihrem Hund eine »kindersichere« Rückzugsmöglichkeit. Diese kann zum Beispiel mit einem Laufstall gesichert werden. Legen Sie umgekehrt Tabuzonen fest – beispielsweise das Kinderzimmer –, die der Hund nicht betreten darf.

Kinder unter 12–14 Jahren können gegenüber Hunden eine hohe Rangordnung nicht beziehungsweise nicht konsequent einnehmen. Auch Sie können dies nicht für Ihre Kinder tun. Seien Sie sich im Klaren, dass sich Ihr Vierbeiner in Ihrer Anwesenheit gegenüber den Kindern eventuell anders verhält als während Ihrer Abwesenheit.

Nach gängiger Rechtsauffassung des »geeigneten Hundeführers« dürfen Kinder unter 12 Jahren in der Öffentlichkeit keine Hunde führen! Lassen Sie Ihr Kind mit dem Familienhund spazieren gehen, besprechen Sie vorab, wie es in bestimmten Situationen zu reagieren hat: Was soll es tun, wenn der Hund hinter einem Eichhörnchen her über die Straße läuft (die Leine loslassen)? Wie soll es reagieren, wenn plötzlich ein anderer Hund ohne Leine kommt und Streit anfängt (weggehen und sich auf keinen Fall einmischen!)?

Mein Tipp

Der Rat, dem Hund sein Futter/seinen Knochen/sein Spielzeug wegzunehmen, um Ranghöhe zu demonstrieren, wird immer noch häufig gegeben, führt aber nur dazu, dass der Hund eher bereit ist, seine Ressource zu verteidigen (stellen Sie sich nur vor, Sie sitzen im Restaurant und der Kellner zieht Ihnen immer wieder den Teller vor der Nase weg!). Übrigens überlässt auch im Hunderudel der Ranghöhere einem Rangniederen dessen Besitz. Besser ist es, dem Hund während des Fressens gelegentlich etwas besonders Leckeres in den Napf zu legen. So lernt er, dass die Annäherung eines Menschen an seinen Napf für ihn keine Bedrohung darstellt, sondern ganz im Gegenteil etwas Gutes bedeutet!

Urlaubszeit – die schönste Zeit des Jahres?

Hundepension

Der Aufenthalt in einer Hundepension bedeutet für den Hund zunächst einmal Stress: eine fremde Umgebung, die Trennung von seinem Rudel, häufig wechselnde Artgenossen, mit denen er sich bekannt machen muss … Vielleicht findet sich ja durch Aushänge ein Hundefreund in der Nachbarschaft, der zwar keinen eigenen Hund haben möchte, aber gerne ab und zu aushilft. Mit diesem kann dann in kleinen Schritten eine dauerhafte Beziehung aufgebaut werden. Ist der Aufenthalt in einer Hundepension erforderlich, erkundigen Sie sich vorab, ob die Hunde artgerecht untergebracht und ausreichend beschäftigt werden. Ist ein Tierarzt immer erreichbar? Gewöhnen Sie Ihren Hund in kleinen Schritten an den Aufenthalt im Hundehotel. Nehmen Sie ihn mit auf die Besichtigungstour, lassen Sie ihn dann dort mal einen Tag verbringen, schließlich ein Wochenende …

Hotel

Es ist zweckmäßig, für den Hund eine bekannte Decke oder die vertraute Box mitzunehmen. Das Alleinbleiben im Hotelzimmer oder in der Ferienwohnung sollte vor Ort nochmals »im Schnelldurchlauf« geübt werden (siehe S. 90).

Einfuhrbestimmungen

Die Einfuhrbestimmungen der verschiedenen Länder ändern sich laufend, daher ist es gut, sich vor einer geplanten Reise rechtzeitig im Internet zu informieren. Der mitreisende Hund benötigt in jedem Fall einen europäischen Heimtierausweis (blau) und eine eindeutige Kennzeichnung (Mikrochip). Es ist ratsam, seinen so gekennzeichneten Hund zusätzlich noch registrieren zu lassen (www.tasso.net oder www.re-gistrier-dein-tier.de). Im Allgemeinen benötigt der Hund eine gültige Tollwutimpfung, die mindestens 21 Tage, in manchen EU-Ländern auch 30 Tage alt sein muss. In verschiedenen Ländern muss ein Maulkorb mitgeführt werden.

Krankheitsprophylaxe

Neben einem ausreichenden Schutz vor Tollwut sowie den in Deutschland üblichen Standardimpfungen benötigt ein Hund bei Reisen in südliche Länder unbedingt Schutz vor den dort ansässigen Zecken und Mücken, die schwerwiegende Krankheiten übertragen können. Mindestens sollte einige Tage vor Reiseantritt ein Permethrinhaltiges Repellens aufgetragen sowie ein geeignetes Mittel zur Herzwurmprophylaxe verabreicht werden. Beides muss alle zwei Wochen bis nach Reiserückkehr wiederholt werden.

Bahn und Flugzeug

Bei Reisen mit der Bahn müssen Maulkorb und Leine mitgeführt werden.

Soll der Hund mit dem Flugzeug verreisen, muss er ab einem Gewicht von 8 kg (inklusive Transportbehältnis!) in einer Frachtbox im Frachtraum reisen. Der Hund muss vorher ausreichend an einen längeren Aufenthalt in der Box gewöhnt werden (siehe S. 88). Da dies einige Zeit in Anspruch nimmt, muss mit dem Training bereits mehrere Wochen vorher begonnen werden. Wasser sollte stets zur freien Verfügung stehen. Gegen »Pipiunfälle« helfen Wickelunterlagen für Babys. Hinweisschilder mit dem Namen des Hundes verbessern die persönliche Ansprache durch das Flughafenpersonal. Medikamente zur »Ruhigstellung« sollten nicht eingesetzt werden, da diese zu paradoxen Erregungserscheinungen führen können.

Stichwortverzeichnis

Weiterführende Literatur

Bücher:

del Amo, Celina: Spiel- und Spaßschule für Hunde. Verlag Eugen Ulmer, Stuttgart, 2006

del Amo, Celina, Jones-Baade, Renate und Mahnke, Karina: Der Hundeführerschein: Sachkunde – Basiswissen und Fragenkatalog. Verlag Eugen Ulmer, Stuttgart, 2009

del Amo, Celina: Welpenschule. Verlag Eugen Ulmer, Stuttgart, 2010

Donaldson, Jean: Hunde sind anders. Franckh-Kosmos, Stuttgart, 2009

Eichler, Dieter: So folgt mein Hund mit Freude. Die besten Tricks der Hundepsychologen. BLV, München, 2008

Jung, Hildegard, Döring, Dorothea und Falbesaner, Ulrike: Der tut nix! Gefahren vermeiden im Umgang mit Hunden. Verlag Eugen Ulmer, Stuttgart, 2007

McConnell, Patricia B.: Das andere Ende der Leine: was unseren Umgang mit Hunden bestimmt. Kynos, Nerdlen/Daun, 2008

Pietralla, Martin: Clicker Training für Hunde. Franckh-Kosmos, Stuttgart, 2003

Piturru, Pasquale und Weigand, Eiko: Lassie, Rex und Co. klären auf: So wollen wir verstanden werden. Kynos, Nerdlen/Daun, 2006

Pryor, Karen und Krüpe, Verena: Positiv bestärken – sanft erziehen: die verblüffende Methode, nicht nur für Hunde. Franckh-Kosmos, Stuttgart, 2006

Schöning, Barbara, Steffen, Nadja und Röhrs, Kerstin: Hilfe, mein Hund jagt. Jagdverhalten in die richtigen Bahnen lenken. Franckh-Kosmos, Stuttgart, 2007

Schöning, Barbara: Hundeverhalten: Verhalten verstehen, Körpersprache deuten. Franckh-Kosmos, Stuttgart, 2008

Theby, Viviane und Schmohl, Angelika: Verstehe deinen Hund: Kommunikationstraining für Hundefreunde. Franckh-Kosmos, Stuttgart, 2006

Theby, Viviane und Hares, Michaela: Das große Schnüffelbuch : Nasenspiele für Hunde. Kynos, Nerdlen/Daun, 2011

Zimen, Erik: Der Hund: Abstammung – Verhalten – Mensch und Hund. Goldmann, München, 2010

Internetadressen:

www.gtvmt.de: Gesellschaft für Tierverhaltensmedizin und -therapie e. V. (um einen verhaltensmedizinisch ausgebildeten Tierarzt in seiner Nähe zu finden)

www.bhv-net.de: Berufsverband der Hundeerzieher und Verhaltensberater e. V. (um eine geeignete Hundeschule in seiner Nähe zu finden)

www.thebluedog.org (zur Bissprävention bei Kindern)

www.hundegrundschule.com oder www.tierische-verhaltensmedizin.de (Websites der Autorin)

Über die Autorin

Dr. med. vet. Constanze Pape ist Tierärztin und seit 6 Jahren in eigener Praxis mit dem Tätigkeitsschwerpunkt Verhaltenstherapie niedergelassen. In ihrer der Praxis angegliederten »Hundegrundschule« werden Grundlagen zur artgerechten Erziehung von Hunden vermittelt. Constanze Pape ist Mitglied der GTVMT (Gesellschaft für Tierverhaltensmedizin und -therapie) sowie des Arbeitskreises Bissprävention der DVG (Deutsche Veterinärmedizinische Gesellschaft).

Für die Überlassung von Spielzeug und anderem Heimtierbedarf danken wir der Firma Karlie Heimtierbedarf GmbH, www.karlie.de.

Impressum

Bibliografische Information der Deutschen Nationalbibliothek

Die Deutsche Nationalbibliothek verzeichnet diese Publikation in der Deutschen Nationalbibliografie; detaillierte bibliografische Daten sind im Internet über http://dnb.d-nb.de abrufbar.

BLV Buchverlag
GmbH & Co. KG

80797 München

© 2012 BLV Buchverlag GmbH & Co. KG, München

Bildnachweis:
Alle Fotos von Bethel Fath, außer:
CALLALLOO Canis – Fotolia.com: S. 115
Javier Brosch – Fotolia.com: S. 123

Umschlaggestaltung: Kochan & Partner, München
Umschlagfotos: Bethel Fath

Lektorat: Dr. Friedrich Kögel, Christina Rothe
Herstellung: Angelika Tröger
DTP: Satz+Layout Fruth GmbH, München

Gedruckt auf chlorfrei gebleichtem Papier

Printed in Germany
ISBN 978-3-8354-0988-0

Das Werk einschließlich aller seiner Teile ist urheberrechtlich geschützt. Jede Verwertung außerhalb der engen Grenzen des Urheberrechtsgesetzes ist ohne Zustimmung des Verlags unzulässig und strafbar. Das gilt insbesondere für Vervielfältigungen, Übersetzungen, Mikroverfilmungen und die Einspeicherung und Verarbeitung in elektronischen Systemen.

Hinweis
Das vorliegende Buch wurde sorgfältig erarbeitet. Dennoch erfolgen alle Angaben ohne Gewähr. Weder Autoren noch Verlag können für eventuelle Nachteile oder Schäden, die aus den im Buch vorgestellten Informationen resultieren, eine Haftung übernehmen.

Für ein harmonisches Zusammenleben!

Enrico Lombardi/Thomas Böhm
Der perfekte Familienhund
Geballte Kompetenz, tolle Fotos, flotter Schreibstil: das DogCoach-
Team™ berät · Alles über Hundehaltung in der Familie – von Auswahl
über Erziehung bis Pflege · Mit Tests »Welcher Hund passt zu mir und
meiner Familie?« und »Bin ich ein guter Rudelführer?«
ISBN 978-3-8354-0808-1